高 职 高 专 "十 一 五" 规 划 教 材

CAD 技能一级（计算机绘图师）考试培训教材

# AutoCAD 2006 实训教程

史彦敏　胡建生　编著

曾　红　主审

化学工业出版社

·北京·

本书主要参照"全国CAD技能等级考试培训工作指导委员会"制定的《CAD技能等级考评大纲》，按其对"CAD技能一级"计算机绘图的基本知识要求而编写。在介绍AutoCAD2006基础知识、常用绘图方法的基础上，详细叙述了平面图形、视图以及工程图样的绘制过程。每章都安排了相应的练习题，其题型、题目难度与CAD技能等级考试的考题相类似。

　　本书按30～60学时编写，并配有多媒体教学课件，对基本操作和绘图实例进行录像演示，可免费提供给采用本书作为教材的任课教师使用。

　　本书既可作为高职高专院校计算机绘图课程的教材，又可作为CAD技能等级考试的培训教材。

## 图书在版编目 (CIP) 数据

　　AutoCAD2006实训教程/史彦敏，胡建生编著.—北京：化学工业出版社，2009.1
　　高职高专"十一五"规划教材.CAD技能一级（计算机绘图师）考试培训教材
　　ISBN 978-7-122-04252-1

　　Ⅰ.A…　Ⅱ.①史…②胡…　Ⅲ.计算机辅助设计-应用软件，AutoCAD 2006-高等学校：技术学院-教材
　　Ⅳ.TP391.72

　　中国版本图书馆CIP数据核字（2008）第188548号

责任编辑：张建茹　　　　　　　　　　　　　　装帧设计：韩　飞
责任校对：陶燕华

出版发行：化学工业出版社（北京市东城区青年湖南街13号　邮政编码100011）
印　　刷：大厂聚鑫印刷有限责任公司
装　　订：三河市延风印装厂
787mm×1092mm　1/16　印张13¾　字数337千字　2009年2月北京第1版第1次印刷

购书咨询：010-64518888（传真：010-64519686）　　售后服务：010-64518899
网　　址：http://www.cip.com.cn
凡购买本书，如有缺损质量问题，本社销售中心负责调换。

定　　价：24.00元　　　　　　　　　　　　　　　　版权所有　违者必究

# 前　言

本书参照"全国 CAD 技能等级考试培训工作指导委员会"制定的《CAD 技能等级考评大纲》，按其对"CAD 技能一级"计算机绘图的基本知识要求，参考"工业产品类 CAD 技能一级考试样题"和"土木与建筑类 CAD 技能一级考试样题"而编写。

本书的教学参考课时为 30～60 学时。本书既可作为高职高专院校计算机绘图课程的教材，又可作为 CAD 技能等级考试的培训教材，还可供成人教育和工程技术人员使用或参考。

在本书的编写过程中，本着以职业能力为基础，提高职业操作技能为目的精选出书中的题目。为方便读者自学，书中在介绍了 AutoCAD2006 基础知识、常用绘图方法的基础上，详细叙述了平面图形、视图以及工程图样的绘制过程。为了让初学者能迅速掌握 AutoCAD2006 的基本操作，不断提高绘图技巧，每章最后都安排了相应的练习题，其题型、题目难度，都与 CAD 技能等级考试的考题相类似，既能满足考试培训的需求，又便于读者自学。

为便于教学，特制作了与本书配套的多媒体教学课件，对基本操作和绘图实例的操作过程进行录像演示，可免费提供给采用本书作为教材的任课教师使用。需要本课件的任课教师，请发送邮件至 cipedu@163.com 即可。

本书由史彦敏、胡建生编著，其中史彦敏编写第 1 章、第 2 章、第 3 章、第 4 章，胡建生编写第 5 章、第 6 章及附录。全书由史彦敏统稿。

本书由曾红教授主审。参加审稿的有刘爽、范梅梅、刘淑芬、张志华、张建荣、李超、贺奇、冯双生、赵洪庆。参加审稿的各位老师对书稿进行了认真、细致的审查，提出了许多宝贵意见和修改建议，在此表示衷心感谢。

由于水平所限，书中难免有不足之处，欢迎读者特别是任课教师提出批评意见和建议。

编著者
2008 年 11 月

# 目　　录

# 第一章　AutoCAD2006 基础知识

**本章要点**　熟悉 AutoCAD2006 界面，了解界面各组成部分的内容及功能；了解命令输入的方法；掌握输入点及数值的方法；熟练掌握拾取实体的方法；会运用显示控制命令缩放图形；熟练掌握常用文件的操作方法。

## 第一节　AutoCAD2006 的界面

### 一、AutoCAD2006 的启动和退出

#### 1. AutoCAD2006 的启动

在 Windows 系统下，常用两种方法启动 AutoCAD2006。

**方法一**

在"AutoCAD2006"正常安装完成后，Windows 桌面会出现 AutoCAD2006 的快捷图标，双击桌面上的图标启动软件。

**方法二**

点击桌面左下角的【开始】→【程序】→【Autodesk】→【AutoCAD2006-Simplified Chinese】→【AutoCAD2006】启动软件，如图 1-1 所示。

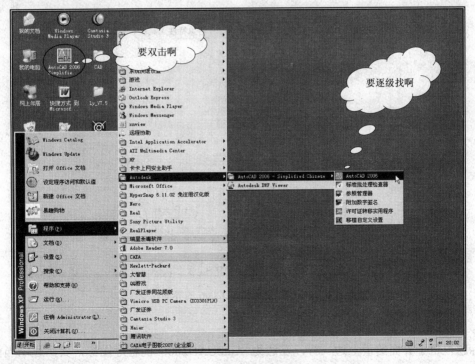

图 1-1　AutoCAD2006 的启动

**2. AutoCAD2006 的退出**

常用的退出方法有以下四种。

① 点击标题栏（右上角）上的"关闭"按钮 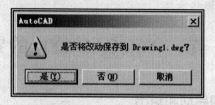。

② 点击主菜单中的【文件】→【退出】命令。

③ 在命令行中键入 quit↙ 或 exit↙（↙代表按 Enter 键，下同）。

④ 双击标题栏左端的控制图标 📄。

如果系统当前文件没有存盘，则弹出一个提示对话框，提示是否存盘，如图 1-2 所示。在对提示作出选择后，即退出系统。

图 1-2　未存盘文件提示框

## 二、AutoCAD2006 的用户界面

AutoCAD2006 的用户界面如图 1-3 所示。该界面由主菜单、工具栏（包括浮动面板）、绘图区、命令行、状态栏、等组成。

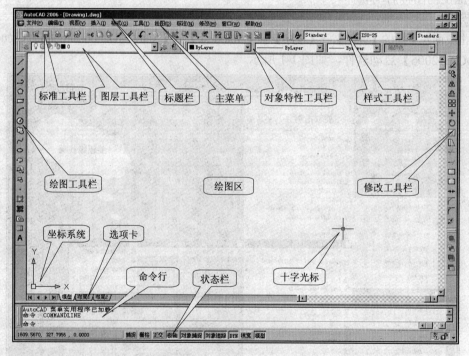

图 1-3　AutoCAD2006 的界面

## 1. 标题栏

标题栏位于界面的最上边一行，左边为 AutoCAD2006 的程序图标，其后显示当前文件名，如果当前文件是 AutoCAD 默认的图形文件，其名称为 DrawingN.dwg（其中 N 是数字）。

右端依次为"最小化" **_** 、"最大化/还原" **回** 和"关闭" **×** 三个图标按钮。

### 2. 主菜单

主菜单行位于标题行下方，由"文件"、"编辑"、"视图"、"插入"、"格式"、"工具"、"绘图"、"标注"及"修改"等菜单组成，点击任意一项主菜单，均可产生相应的下拉菜单。这些菜单中几乎包括了 AutoCAD2006 全部的功能和命令。

图 1-4 为 AutoCAD2006 主菜单"绘图"的下拉菜单。

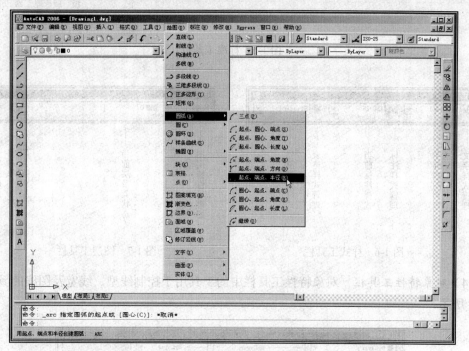

图 1-4 "绘图"的下拉菜单

### 3. 绘图区

屏幕中间的大面积区域为绘图区，如图 1-3 中的空白区域，可以在其内进行绘图工作。当鼠标指针位于绘图区时，箭头变成十字光标，其中心有一个小方块，称为目标框，可以用来选择对象。

绘图区下方有"模型"和"布局"选项卡，可通过单击，在"模型空间"或"图纸空间"之间来回切换。"模型"是指为表示建筑物或构造物所绘制的图形。"布局"是指以工程图所需的规格，将模型空间所描绘的图形布置在一张预备出图的图纸上。

### 4. 工具栏

位于绘图区上方和两侧由若干图标组成的条状区域，称为工具栏。可以通过点击工具栏中相应的功能按钮，输入常用的操作命令。

AutoCAD2006 提供了 30 个工具栏，利用这些工具栏可使用户方便地输入常用的命令，直观地实现各种操作。绘图时可根据自己的需要，开启或关闭相应的工具栏。

系统默认的工具栏为"标准"、"样式"、"图层"、"对象特性"、"绘图"、"修改"等工具栏。

（1）标准工具栏 标准工具栏包含 24 个图标，每个图标所对应的命令，如图 1-5 所示。

（2）样式工具栏 样式工具栏包含 3 个图标和 3 个窗口，每个图标及窗口的用途，如图 1-6 所示。

（3）图层工具栏 图层工具栏用于对图层的设置与选择等的操作，如图 1-7 所示。

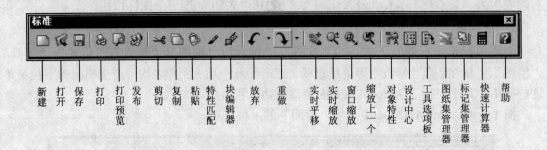

图 1-5　标准工具栏

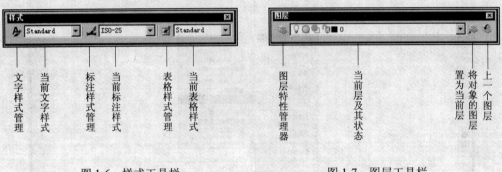

图 1-6　样式工具栏　　　　　　　　　图 1-7　图层工具栏

（4）对象特性工具栏　对象特性工具栏中的工具用于控制线型、线宽及图线的颜色，如图 1-8 所示。

图 1-8　对象特性工具栏

（5）绘图工具栏　系统默认的绘图工具栏，位于绘图区的左侧，19 个图标所对应的命令，如图 1-9 所示。

图 1-9　绘图工具栏

（6）修改工具栏　系统默认的修改工具栏，位于绘图区的右侧，该工具栏中各图标所对应的命令，如图 1-10 所示。

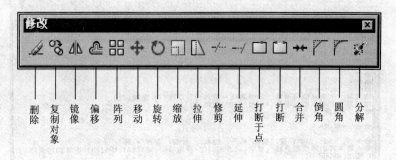

图1-10  修改工具栏

**显示或关闭工具栏的方法**

将光标置于工具栏的任意位置点击右键，弹出如图1-11所示的快捷菜单，在快捷菜单中用左键点击，可开启或关闭相应的工具栏。其中项目左边有"√"号的工具栏，是目前已显示（开启）的工具栏，而项目左边没有"√"号的工具栏，为隐藏（关闭）的工具栏。

AutoCAD2006允许用户将工具栏设为固定状态或浮动状态。固定工具栏可将工具栏锁定在绘图区的四周。浮动工具栏可在绘图区自由移动，可利用鼠标自由拖动或调节其形状。当浮动工具栏拖动位置超出绘图区一定距离，将会被吸附变为固定工具栏，用户也可用鼠标将固定工具栏拖动成为浮动工具栏。

**5. 命令行窗口**

绘图区的下方是命令行窗口，该窗口显示从键盘、菜单或工具栏按钮中输入的命令内容及命令输入后系统的操作提示及相关信息。默认情况下，命令行窗口显示最后3行所执行的命令或提示信息。

要查看所用过的全部命令及提示信息，可按 F2 键打开"文本窗口"对话框，如图1-12所示。AutoCAD2006的文本窗口，记录了用户在AutoCAD2006中执行的命令及执行过程中的操作提示。

提示：命令行窗口是用户和AutoCAD2006进行对话的窗口，对于初学者来说，应特别注意这个窗口。因为在输入命令后，系统会给出相应的提示信息，如命令选项、错误信息及下一步操作的提示信息等。

**6. 状态栏**

状态栏位于界面的最下面一行，如图1-13所示。状态栏左边显示了当前十字光标所在位置的三维坐标。状态栏中部是9个按钮，按下或弹起按钮，可打开或关闭相应的功能。9个按钮的功能如下。

图1-11  快捷
菜单

捕捉  将光标锁定在可见或不可见的栅格点上，使光标只能沿栅格点移动。

栅格  在屏幕上显示由点构成的栅格，用以提供直观的距离和位置参照。

正交  限制光标只能沿坐标轴的方向移动。

极轴  沿预先设定的极轴增量角追踪特征点。

对象捕捉  自动捕捉图形上符合条件的特征点。

对象追踪  绘制与已知几何元素有特定关联的图形元素，或按指定角度绘制图形元素。

DYN  （动态输入）在光标附近显示命令提示及数据输入框。

线宽  按预先的设定，显示不同图层上对象的线宽。

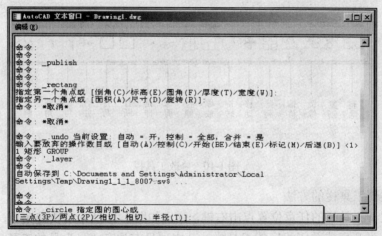

图1-12 文本窗口

图1-13 状态栏

模型 当前绘图环境为模型空间。

状态栏的右端是通信中心和工具栏/窗口锁定菜单。最右边的小三角形是状态栏菜单按钮，点击它可以打开菜单，选择是否显示各个按钮，同时该菜单也给出了各个启动或关闭按钮所对应的功能键。例如，开启对象捕捉的快捷键为 F3 键。

# 第二节 常用的文件操作

在使用计算机绘图的操作中，所绘图形都是以文件的形式存储在计算机中，故称之为图形文件。AutoCAD2006 提供了方便、灵活的文件管理功能，其中包括文件的建立与存储、文件的打开与关闭、绘图输出与打印等。

文件管理功能通过主菜单中的【文件】菜单来实现，点击该菜单项，弹出的下拉菜单如图 1-14 所示。点击相应的菜单项，即可实现对文件的管理操作。为方便使用，AutoCAD2006 还将常用的"新建文件"、"打开文件"、"存储文件"和"绘图输出"，以图标形式放在标准工具栏中。

## 一、新建文件

启动 AutoCAD2006 后，实际上就创建了一个新文件，文件名默认为是"Drawing1.dwg"。若在不退出系统的情况下另画一幅新图或要创建基于模板的图形文件，则需建立新文件。

命令的输入常采用以下两种方式。

● 由工具栏输入 点击标准工具栏中的"新建"图标□。

● 由主菜单输入 点击主菜单中的【文件】→【新建】命令。

选择上述任一方式输入命令后，弹出"选择样板"对话框，如图 1-15 所示。用鼠标选择样板文件后点击 打开⑩ ▼按钮即可。如果不需要样板，点击 打开⑩ ▼按钮右边的小三角按钮，在展开

图1-14 "文件"下拉菜单

图 1-15  "选择样板"对话框

的菜单中选择"无样板打开-公制"选项，对话框将关闭并回到绘图状态。此时，从窗口顶部的标题栏中，可看出新建文件的默认名为"DrawingN.dwg"（N 为阿拉伯数字）。

## 二、保存文件

保存文件就是将当前绘制的图形以文件形式保存到磁盘上。AutoCAD2006 的图形文件扩展名为".dwg"。

命令的输入常采用以下两种方式。

● 由工具栏输入　点击标准工具栏中的"保存"图标 🖫。

● 由主菜单输入　点击主菜单中的【文件】→【保存】命令。

如果当前文件为"DrawingN.dwg"文件，则系统弹出一个"图形另存为"对话框，如图1-16 所示。点击"保存于"下拉列表框中的"下拉箭头"按钮 ▾，选择文件存放的位置。在文件名列表框中输入文件名后，点击 保存(S) 按钮，系统即按所给文件名存盘。文件一旦保存后，以后再保存将直接覆盖此文件，不再弹出对话框。

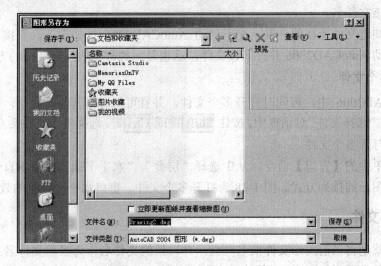

图 1-16  "图形另存为"对话框

提示：在工作中，难免会因为意外断电、死机或程序出错等问题而导致文件关闭，因此要养成经常保存绘图结果的好习惯，以免造成绘图结果丢失。

### 三、打开文件

打开文件就是调出一个已存盘的图形文件。在 AutoCAD2006 中，可以使用多种方法打开已有的 AutoCAD 图形文件。

命令的输入常采用以下两种方式。

● **由工具栏输入** 点击标准工具栏中的"打开"图标 。

● **由主菜单输入** 点击主菜单中的【文件】→【打开】命令。

命令输入后，弹出"选择文件"对话框，如图 1-17 所示。利用该对话框可打开现有的一个或多个 AutoCAD 图形文件。

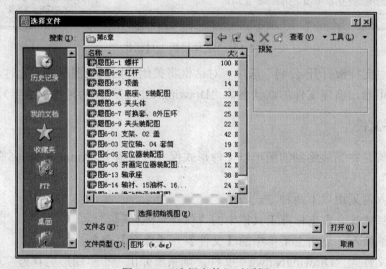

图 1-17 "选择文件"对话框

#### 1. 打开一个文件

在"选择文件"对话框中选择文件所在的位置，然后选择文件，点击 打开(O) 按钮即可，或者直接双击该文件名。

如果用户知道文件所在的位置，在不启动 AutoCAD2006 的情况下，直接双击该文件，系统将自动启动 AutoCAD2006 并打开该文件，这也是一种常见的打开文件的方式。

#### 2. 打开多个文件

在 AutoCAD2006 中，可同时打开多个文件，并且可同时对其进行操作，从而使绘图效率大大提高。在"选择文件"对话框中，按住 Shift 键或 Ctrl 键，选择多个文件后点击 打开(O) 按钮，可同时打开多个文件。

点击主菜单中的【窗口】命令，从中选择"层叠"、"水平平铺"或"垂直平铺"命令，可以控制多个图形的排列方式。图 1-18 为打开多个文件、窗口水平平铺时的效果。

### 四、另存文件

另存文件就是将当前图形文件换名存盘，并以新的文件名作为当前文件名。

命令的输入常采用如下方式。

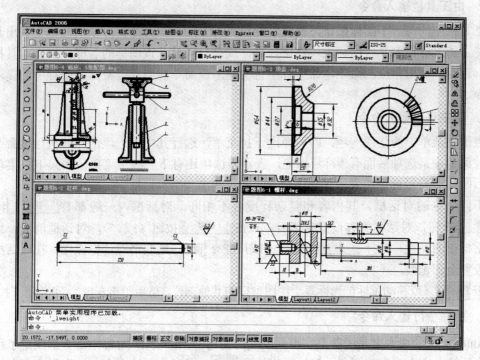

图 1-18　打开多个文件

　　点击主菜单中的【文件】→【另存为】命令，弹出"图形另存为"对话框。在对话框的文件名输入框内输入一个新文件名，点击　保存(S)　按钮，系统即按所给的新文件名存盘。

　　"另存为"命令非常实用。属于同一工程项目的一套图样，应在统一的绘图环境（包括图幅格式、文字样式、尺寸标注样式、线型与图层等有关参数的设置）下进行绘制。为保持每张图样的绘图环境相同，用户可采用"另存为"命令建立一个模板文件（扩展名为.dwt）。每当绘制一张新图形时，用户可以通过"创建新图形"对话框调用自己定义的模板文件。

　　此外，同一项目的整套图样中，可能会有某些图样部分内容相同。为避免重复劳动，提高工作效率，用户可以在原有图形的基础上，进行修改或添加其他内容，然后采用"另存为"命令产生另一个图形文件。

### 五、关闭文件

关闭文件常采用以下两种方式。

- 由主菜单输入　点击主菜单中的【文件】→【关闭】命令。
- 由按钮输入　点击标题栏下方的关闭按钮▨。

# 第三节　命令与数据的输入方法

## 一、命令的输入

　　在 AutoCAD2006 中，命令可以用多种方法输入。多种方法并行存在，以方便不同操作者的操作习惯。常用的输入方法是通过工具栏、菜单、命令行等输入命令。

**1. 由工具栏输入命令**

工具栏中的每一个图标按钮，都代表 AutoCAD 的一个命令，可以从图标上看出其命令的功能。将光标指到某一图标上，停留片刻，就会自动显示该图标的名称。点击工具栏中的图标，就可以调用相应的命令，命令行中也会显示该命令，用户可根据命令行中的提示执行该命令。

**2. 由主菜单输入命令**

点击主菜单中的任意一项，即可弹出下拉菜单，选择其中的一项，立即执行该命令。如果下拉菜单中某选项后面有 ▸ 符号标记，表示该选项还有下一级子菜单。如果下拉菜单中某选项后面有 ⋯ 符号标记，表示选择该命令，即可弹出一个对话框。

不同命令的对话框，其内容和复杂程度各不相同。对话框内一般都有 确定 按钮和 取消 按钮，对话框内容设置完毕后，点击 确定 按钮（或✓），对话框消失，系统接受对话框中的设置。选择 取消 按钮（或按 Esc 键），则取消对话框操作，在对话框中所作的设置全部无效。

按 Esc 键（或移动鼠标把光标置于绘图窗口的其他部位，然后单击左键），可关闭下拉菜单。

**3. 由命令行输入命令**

AutoCAD 的命令名是一些英文单词或它的简写。AutoCAD 对每个命令都规定了别名。在命令行输入命令或它的别名，然后✓或按 空格键，即可执行该命令。如果用户具有较好的英语基础，应用这种方法可以方便快捷地调用各种命令，提高工作效率。

**4. 由快捷菜单输入命令**

在许多命令的执行过程中点击右键，将会根据当时系统的状态，在当前光标位置显示出相应的快捷菜单，以提供对当前操作相关的命令或选项，供用户光标拾取输入；当不执行任何命令的时候，在绘图窗口或命令行窗口，点击右键也可以激活快捷菜单，可以方便地调用许多常用命令或有关命令的选项与功能。

当选择了图形对象后点击右键，AutoCAD 将显示上下文菜单，该菜单显示与对象有关的编辑对话框或相关的命令和选项，可使用户方便地进行编辑工作。

## 二、命令的终止与重复命令的输入

**1. 命令的终止**

在执行命令的过程中，按键盘上的 Esc 键，即可终止正在执行的操作。通常情况下，在命令的执行过程中✓，也可终止当前操作。此外，在一个命令执行过程中，如果选择下拉菜单或点击工具栏中的图标，则自动终止当前命令，并执行新命令。

**2. 重复命令的输入**

用户要重复执行上一次命令，可按 空格键 或✓，也可在绘图窗口点击右键，在弹出的快捷菜单中点击"重复×××"命令。

## 三、数据的输入

**1. 点的输入**

输入点时，可用键盘输入点，也可用鼠标输入点，还可用鼠标与键盘配合输入点。

（1）坐标输入　当 AutoCAD 需要输入一个点时，通过键盘直接输入点的坐标值。坐标的表示方法有绝对坐标和相对坐标，输入方法如下。

**绝对直角坐标输入法**

绝对直角坐标以 "$x$，$y$，$z$" 的形式由键盘直接输入。切记坐标值之间必须用逗号隔开。在 XOY 平面绘图时，Z 坐标缺省值为 0，可直接输入 "$x$，$y$" 的数值。

**相对直角坐标输入法**

相对直角坐标以某一点（称为当前点）作为参照，以 "$@\Delta x$，$\Delta y$，$\Delta z$" 的形式由键盘直接输入。符号@表示相对，$\Delta x$ 为拟输入点相对于当前点的 $x$ 坐标差，$\Delta y$ 为拟输入点相对于当前点的 $y$ 坐标差，$\Delta z$ 为拟输入点相对于当前点的 $z$ 坐标差。在 XOY 平面绘图时，可直接输入 "$@\Delta x$，$\Delta y$"。

**绝对极坐标输入法**

极坐标以 "$d<\alpha$" 的形式输入。$d$ 为极径，即拟输入点到坐标原点的距离；$\alpha$ 为极角，即拟输入点和原点的连线与 X 轴正向的逆时针夹角。

**相对极坐标输入法**

相对极坐标以 "$@\Delta d<\theta$" 的形式输入。$\Delta d$ 为拟输入点相对当前点的距离；$\theta$ 为拟输入点与当前点连线与 X 轴正向的逆时针夹角。

（2）鼠标输入　当 AutoCAD 需要输入一个点时，可以直接用鼠标在屏幕上指定。输入方法是：把十字光标移到所需的位置后单击左键即可。

（3）沿橡皮筋输入　在执行"直线"的命令过程中，若已知直线的长度及绘制方向，可先移动光标，使橡皮筋的方向为拟绘制直线的方向，然后键入直线的长度，↙即可。

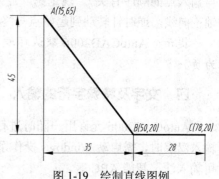

（4）沿追踪线输入　当 AutoCAD 需要输入一个点时，若知道该点与一已知点的距离及方向，可打开 对象捕捉 和 对象追踪 功能，用光标捕捉已知点，待出现捕捉提示和标记后，沿已知方向移动光标，将引出一条虚线（称为追踪线），键入拟输入点与已知点的距离，↙即可（对象的捕捉与追踪详见第 6 节）。

图 1-19　绘制直线图例

【例 1-1】　绘制图 1-19 所示直线。

操作步骤如下。

点击绘图工具栏中的"直线"图标 ，命令行提示：

命令：line 指定第一点：15，65↙（输入 A 点的绝对直角坐标）

此时移动光标，一条自 A 点出发的直线被动态拖动，如图 1-20（a）所示。

指定下一点或[放弃（U）]：@35，−45↙（输入 B 点的相对直角坐标）

画出的 AB 直线，如图 1-20（b）所示。

指定下一点或[放弃（U）]：（按 F8 键，打开正交开关，向右移动光标）28↙（沿橡皮筋输入 C 点）

指定下一点或[放弃（U）]：（按 空格键 或按 Esc 键结束命令）

**2. 数值的输入**

在系统中，一些命令的提示需要输入数值，如高度、宽度、长度、行数或列数、行间距和列间距等。数值的输入方法有以下两种。

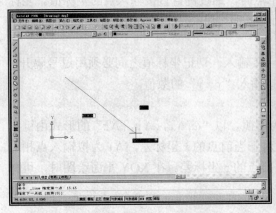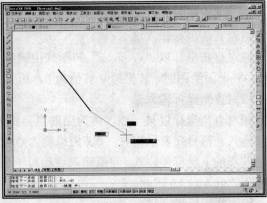

（a）                （b）

图 1-20　由键盘输入点实例

① 通过键盘直接输入数值。

② 用鼠标指定一点的位置。当已知某一基点时，用鼠标指定另一点的位置，此时，系统会自动计算出基点到指定点的距离，并以该两点之间的距离作为输入的数值。

**3.　角度的输入**

① 通过键盘直接输入角度值。

② 通过两点输入角度值。通过输入第一点与第二点的连线方向确定角度（应注意其大小与输入点的顺序有关）。规定第一点为起始点，第二点为终点，角度数值是指过起始点的 X 轴正向线，逆时针转动到起始点与终点的连线，所转过的角度。

提示：AutoCAD2006 默认环境中，以 X 轴正向为 0°，逆时针旋转为正，顺时针旋转为负。

## 四、文字及特殊字符的输入

AutoCAD2006 允许用户随时进行汉字输入，以完成绘图设计工作中对标注汉字的要求。输入汉字时，需启动 Windows 操作系统或外挂汉字系统的某一汉字输入法，如五笔字型、全拼输入法、智能 ABC 等。

提示：汉字输入完毕后应及时切换回"英文"状态，否则，用键盘输入的命令名、或键入的选项关键字、全角数字、字符等将不能被识别而拒绝接受。

在绘图过程中，有时需要输入一些键盘上没有的特殊字符（如"$\phi$"、"°"、"±"等），AutoCAD2006 规定了各种代码，用于输入这些特殊字符，详见表 1-1。

表 1-1　特殊字符的代码及输入实例

| 特殊字符 | 代　码 | 实　例 | 键盘输入 |
|---|---|---|---|
| $\phi$ | %%c | $\phi$50 | %%c50 |
| ° | %%d | 60° | 60%%d |
| ± | %%p | ±0.008 | %%p0.008 |
| % | %%% | 30% | 30%%% |

# 第四节  对象的选择与删除

## 一、对象的选择

在实际绘图中，经常需要对画好的基本图形元素进行必要的编辑和修改，使绘制的图形符合工程图的要求。AutoCAD2006，提供了动态的对象选择提示，即当光标移动到对象上时，对象会变粗且加亮显示，从而使用户正确地选择对象。选择对象时，可先选择需要编辑的对象，然后进行相应的编辑操作；也可先运行编辑命令，后选择对象。

当系统提示"选择对象"时，如果用户不熟悉选择方式，可输入"？"，然后↙，系统会在命令行窗口显示出 AutoCAD 的各种选择方式：

窗口（W）/上一个（L）/窗交（C）/框（BOX）/全部（ALL）/栏选（F）/圈围（WP）/圈交（CP）/编组（G）/类（CL）/添加（A）/删除（R）/多个（M）/上一个（P）/放弃（U）/自动（AU）/单个（SI）

AutoCAD 提供了以上十七种目标选择方式，常用的有以下五种方式。

（1）单个（SI）方式  单个方式也称直接选取方式。当系统提示"选择对象"时，光标由"╋"变成"□"，此时可直接将光标放在被选对象上将其拾取。

提示：无论用何种选择方式，被选中的对象均呈虚线显示。

（2）窗口（W）方式  当系统提示"选择对象"时，用光标在屏幕上从左上至右下（或从左下至右上）拖出一个矩形窗口。只有完全处于窗口内的实体才被选中，如图 1-21 所示。

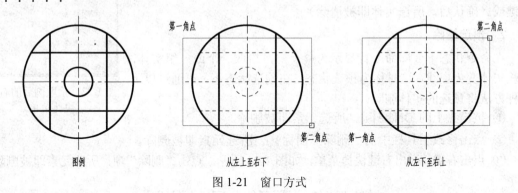

图 1-21  窗口方式

（3）窗交（C）方式  当系统提示"选择对象"时，用光标在屏幕上从右上至左下（或从右下至左上）拖出一个矩形窗口。此时不但位于窗口内的实体被选中，与窗口相交的实体均被选中，如图 1-22 所示。

（4）栏选（F）方式  当系统提示"选择对象"时，键入 f↙，系统提示：

指定第一个栏选点：（直接用鼠标拾取第一点）

指定下一个栏选点或[放弃（U）]：（用鼠标拾取下一点）

……

指定下一个栏选点或[放弃（U）]：↙（结束选择，系统提示所选目标的个数）

用户可以绘制任意折线，凡是与折线相交的实体均被选中。使用该方式对于不连续的长串目标非常方便。

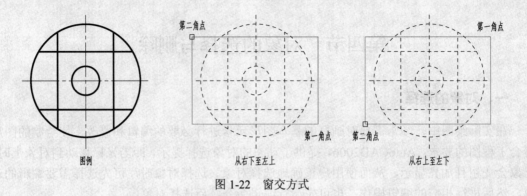

图例          从右下至左上          从右上至左下

图 1-22　窗交方式

（5）全部（ALL）方式　当系统提示"选择对象"时，键入 all✓，此时屏幕上所有实体均被选中。

## 二、对象的删除

对已存在的实体进行删除，常采用以下两种方法。

### 1. 命令删除

命令的输入常采用以下两种方法。

- 由工具栏输入　点击修改工具栏中的"删除"图标✍。
- 由主菜单输入　点击主菜单中的【修改】→【删除】命令。

命令输入后，系统提示：

选择对象：（光标由"╪"变成"□"。选择欲删除实体，点击右键或✓确认后，所选实体即被清除）

### 2. 预选删除

在命令状态下（即命令行显示为命令：），拾取一个或一组实体，这些实体变为虚线，这时称为预选状态。在预选状态下，可通过以下三种方法将预选的实体删除。

① 按键盘上的 Delete 键，所选元素即被删除。

② 点击修改工具栏中的"删除"图标✍，所选元素即被删除。

③ 点击右键，弹出右键快捷菜单，如图 1-23 所示。点击"删除"项，所选元素即被删除。

图 1-23　拾取圆后的右键
快捷菜单

# 第五节　图形的显示控制

在使用 AutoCAD2006 绘图时，如所绘制的图形太大或过小，都会给绘图带来不便。有时为了绘图的方便和便于观察，还需要将图形移到屏幕合适的位置。因此，必须掌握图形的显示控制命令，以便对当前图形进行缩放或移动等操作。

提示：显示控制命令只改变图形在屏幕上的视觉效果，不改变图形的实际尺寸。

## 一、缩放命令

图形的缩放只是改变图形在屏幕上的视觉大小，以便用户更清楚地观察或修改图形，并不改变图形的实际尺寸。

命令的输入常采用以下三种方法。

（1）由工具栏输入 点击标准工具栏中的"窗口缩放"图标，弹出缩放工具条，如图 1-24（a）所示，从中选择各种缩放命令（或打开"缩放"工具栏，如图 1-24（b）所示，从中选择各种缩放命令）。

提示：窗口缩放图标右下角的小三角标记，为"弹出式工具条"按钮，将光标置于其上，单击左键并按住不放，便会出现"弹出式工具条"。继续按住左键并移动光标到某图标上，放开左键，将激活对应的缩放命令，同时，这个图标将替换系统默认的缩放窗口图标。

（2）由主菜单输入 点击主菜单中的【视图】→【缩放】命令。

（3）由键盘输入 由键盘输入 z↙（Zoom 的缩写）。

在 AutoCAD2006 的十一个缩放命令中，经常使用的有三个。

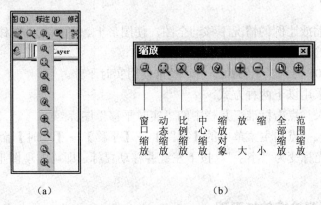

(a)　　　　　　　　　　(b)

图 1-24　缩放图标与缩放工具栏

## 1.　窗口缩放

● 由工具栏输入 点击缩放工具栏中的"窗口缩放"图标 。
● 由主菜单输入 点击主菜单中的【视图】→【缩放】→【窗口】命令。
● 由键盘输入 在命令状态下输入 z↙，系统提示：

ZOOM

指定窗口角点，输入比例因子（nX 或 nXP），或

[全部（A）/中心点（C）/动态（D）/范围（E）/上一个（P）/比例（S）/窗口（W）/对象（O）]＜实时＞：w↙（执行窗口缩放）

用上述任一方法输入后，系统提示：

指定第一个角点：（点取缩放窗口的第一点）

指定对角点：（此时移动光标，可拖动出一个矩形框，至合适位置按左键）

系统将窗口范围内的图形充满屏幕，重新显示出来。

## 2.　全部缩放

● 由工具栏输入 点击缩放工具栏中的"全部缩放"图标 。
● 由主菜单输入 点击主菜单中的【视图】→【缩放】→【全部】命令。
● 由键盘输入 在命令状态下输入 z↙，系统提示：

[全部（A）/中心点（C）/动态（D）/范围（E）/上一个（P）/比例（S）/窗口（W）/对象（O）]＜实时＞：a↙（执行全部缩放）

命令输入后，系统立即将当前文件的图形界限充满屏幕。如果所绘图形超出图形界限，屏幕会显示全部图形。

**3. 范围缩放**

- 由工具栏输入　点击缩放工具栏中的"范围缩放"图标⊕。
- 由主菜单输入　点击主菜单中的【视图】→【缩放】→【范围缩放】命令。
- 由键盘输入　在命令状态下输入 z↙，系统提示：

[全部（A）/中心点（C）/动态（D）/范围（E）/上一个（P）/比例（S）/窗口（W）/对象（O）]<实时>: e↙（执行范围缩放）

命令输入后，系统立即将当前文件的全部图形，在绘图窗口全部显示出来，且使其充满屏幕。

## 二、视图平移

在不改变图形缩放比例的情况下移动全图，使图形上、下、左、右移动，方便用户观察当前视窗中的图形的不同部位。

在 AutoCAD2006 的六个平移命令中，经常使用实时平移。

命令的输入常采用以下两种方式。

- 由工具栏输入　点击标准工具栏中的"实时平移"图标🖑。
- 由主菜单输入　点击主菜单中的【视图】→【平移】→【实时】命令。

命令输入后，光标变为"小手"，按下左键并移动鼠标，即可实现图形的上、下、左、右移动。

## 三、利用鼠标滚轮缩放与平移

如果用户使用的是智能鼠标，可利用鼠标滚轮进行图形的缩放与平移。

**1. 放大图形**

将滚轮向前旋转。

**2. 缩小图形**

将滚轮向后旋转。

**3. 范围缩放**

双击滚轮。

**4. 平移**

将系统变量 MBUTTONPAN 设置为 1，按住滚轮按钮并移动鼠标。

# 第六节　对象的捕捉与追踪

对象捕捉与对象追踪功能，是 AutoCAD2006 提供的绘图常用工具，使用这些工具不仅可以提高绘图的精确性，而且可以提高绘图效率。

## 一、对象捕捉

对象捕捉的功能，是将光标准确定位于图形的特征点上。

例如，要绘制一条直线与一个已知圆相切，凭视觉很难准确找到切点。利用"对象捕捉"功能，系统可自动捕捉切点，使用户迅速、准确地绘制出圆的切线，提高绘图效率。

**1. 自动捕捉**

实际绘图时，经常需要捕捉诸如直线的端点、中点，圆或圆弧的圆心，线与线的交点等特征点，为提高绘图的精确性和提高绘图效率，可设置自动捕捉模式。

自动捕捉模式，就是在执行命令的过程中，只要把光标放在一个图形对象上时，系统自动捕捉到该对象上所有符合条件的几何特征点，并显示出相应的标记。如果把光标放在捕捉点上停留片刻，系统还会显示该捕捉的提示。

设置自动捕捉模式常采用以下两种方法。

● 由状态栏输入　将光标移到状态栏中部的 极轴 、对象捕捉 或 对象追踪 等处，点击右键，在弹出的快捷菜单中选择"设置"。

● 由主菜单输入　点击主菜单中的【工具】→【草图设置】命令。

用上述任一方法输入命令后，弹出"草图设置"对话框，如图 1-25 所示。

在"草图设置"对话框中选择"对象捕捉"选项卡，在"对象捕捉模式"选项组中勾选用户想要的捕捉模式（图中选中了端点、中点、圆心和交点四种常用的对象捕捉模式）。

打开自动捕捉功能常采用以下两种方法。

● 将光标移到状态栏中部，点击 对象捕捉 按钮。

● 按下 F3 键。

**2. 临时捕捉**

在绘图过程中，如需使用自动捕捉中未设置的捕捉模式，可启用临时对象捕捉。

启用临时对象捕捉功能常采用以下两种方法。

● 从工具栏选择　在任意工具栏的灰色区域点击右键，弹出工具栏快捷菜单。在工具栏快捷菜单中勾选"对象捕捉"，系统将显示临时对象捕捉工具栏，如图 1-26 所示。

用鼠标点击工具栏中的某个按钮，即临时选择了该种捕捉模式。

● Shift + 右键选择　按住 Shift 键的同时在绘图区点击右键，弹出快捷菜单如图 1-27 所示，从中临时选择捕捉模式。

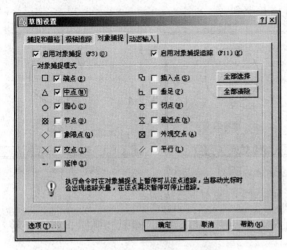

图 1-25　"草图设置"对话框

图 1-26　"对象捕捉"工具栏

图 1-27　对象捕捉快捷菜单

提示：只有在系统提示输入点或指定点时，临时对象捕捉才生效，且只能执行一次。当启用临时对象捕捉时，自动捕捉暂时关闭。执行临时捕捉后，系统自动恢复到自动捕捉模式。

### 3. 常用对象捕捉模式

常用对象捕捉方式的名称、图标及功能如下。

（1）捕捉到端点（✎） 用来捕捉直线、圆弧、椭圆弧等对象距拾取位置最近的端点，如图 1-28（a）所示。

（2）捕捉到中点（✎） 用来捕捉直线、圆弧、椭圆弧等对象的中点，如图 1-28（b）所示。

（3）捕捉到交点（✕） 用来捕捉直线、圆弧、圆、椭圆弧、椭圆等对象之间的交点，如图 1-28（c）所示。

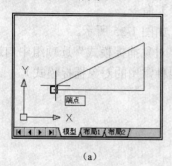 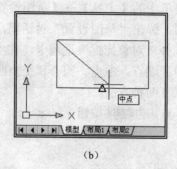 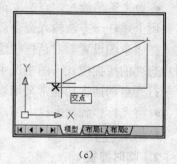

（a）　　　　　　　　　　（b）　　　　　　　　　　（c）

图 1-28　捕捉端点、中点、交点

（4）捕捉到圆心（◎） 用来捕捉圆心。将光标移至圆（圆弧）、椭圆（椭圆弧）或圆环轮廓附近时，即出现该对象的圆心捕捉标记，单击左键即捕捉到圆心。如图 1-29（a）所示。

（5）捕捉到象限点（◈） 用来捕捉圆、圆弧或椭圆等对象距拾取位置最近的象限点，即 0°、90°、180°、270°点，图 1-29（b）所示为捕捉 270°点。

（6）捕捉到切点（○） 用来捕捉圆、圆弧或椭圆等对象上的切点，如图 1-29（c）所示。

提示：要捕捉到切点，应在切点附近拾取对象。

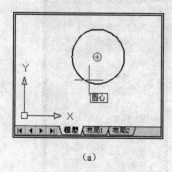 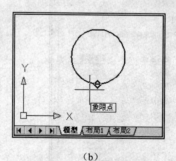 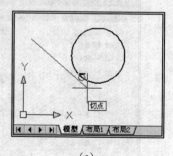

（a）　　　　　　　　　　（b）　　　　　　　　　　（c）

图 1-29　捕捉圆心、象限点、切点

（7）捕捉到垂足（⊥） 用来捕捉从一个点到直线、圆、圆弧、椭圆、椭圆弧等对象的法线的垂足点，如图 1-30（a）所示。

（8）捕捉到节点（⊙） 捕捉用绘制点命令或定数等分、定距等分命令绘制的独立点，如图 1-30（b）所示。

（9）捕捉到插入点（⊡） 用来捕捉块、图形、文字或属性的插入点，如图 1-30（c）所示。

**18**

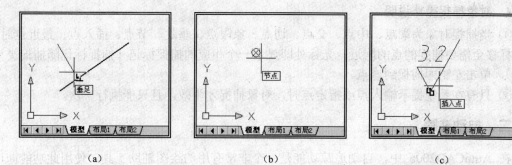

(a)            (b)            (c)

图 1-30　捕捉垂足、节点、插入点

（10）捕捉到平行线（//）　　用来捕捉与所画直线平行的直线。操作时，首先指定所画直线的第一点，然后将光标放在作为平行对象的某条直线上，光标处会出现一个"//"符号，如图 1-31（a）所示。移开光标后，直线段上仍留有"+"标记。当移动光标使橡筋线与平行对象平行时，屏幕显示一条虚线与所选直线段平行，并动态显示光标所处位置相对于前一点的极坐标值，用户可在虚线上拾取一点，或采用橡皮筋输入法确定第二点。绘制出的直线必然平行于所选的平行对象。

提示：这种对象捕捉类型必须在非正交状态下进行。

（11）捕捉到延长线（—）　　用来捕捉直线、圆弧延长线上的点。操作时，首先将光标置于延伸段的一端，端点上会出现一个"+"标记，顺着线段方向移动光标，将引出一条虚线，并动态显示光标所处位置相对于延长线端点的极坐标值，如图 1-31（b）所示。由于输入点的方向已定，用户可在虚线上拾取一点，或采用橡皮筋输入法确定一点。

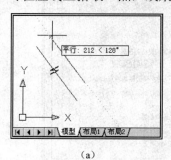 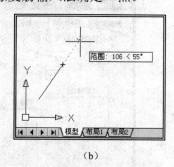

(a)                             (b)

图 1-31　捕捉平行线、延长线

（12）捕捉到外观交点（X）　　用来捕捉两个对象的延长线交点。操作时，首先将光标移至其中一个对象上，当屏幕显示"延伸外观交点"的捕捉标记后，单击左键，如图 1-32（a）所示。再将光标移至另一个对象附近，在两对象的延长线交点处即出现"交点"的捕捉标记，如图 1-32（b）所示。单击左键即捕捉到该外观交点。

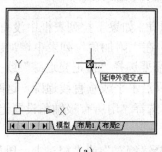 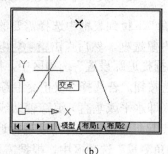

(a)                             (b)

图 1-32　捕捉到外观交点

**4. 对象捕捉操作说明**

① 当捕捉对象为端点、中点、交点、切点、象限点、垂足、节点、插入点、最近点时，将光标移至需要捕捉的点的附近，光标处即显示一个相应的捕捉标记（捕捉标记随捕捉类型而定），单击左键即捕捉到该点。

② 只有在系统提示输入点或指定点时，对象捕捉才生效，且只能执行一次。

## 二、自动追踪

在 AutoCAD2006 中，自动追踪功能是一个非常有用的绘图辅助工具。使用此功能即可按指定角度绘制对象，又可绘制与其他图形对象有特定关系的对象。

自动追踪包括极轴追踪和对象捕捉追踪两种方式。

**1. 极轴追踪**

极轴相当于一个量角器，极轴追踪相当于用量角器测量角度。因此，极轴追踪也称角度追踪，按给定的极轴角增量来追踪特征点。极轴追踪功能可以在系统要求指定一个点时，按预先设置的极轴角增量来显示一条无限延伸的虚线（追踪线），用户可以沿追踪线输入，得到特定点。

设置极轴追踪的方法如下。

① 如前所述，打开"草图设置"对话框，在对话框中选择"极轴追踪"选项卡，勾选"启用极轴追踪"复选框，如图 1-33 所示（也可点击状态栏上的 极轴 按钮或按 F10 键）。

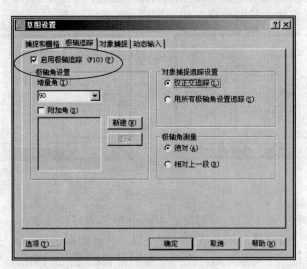

图 1-33 "草图设置"对话框（启用极轴追踪选项卡）

② 在"增量角"下拉列表框中选择需要的增量角。如果下拉列表框中没有需要的增量角，可勾选"附加角"复选框，然后点击 新建(N) 按钮，在"附加角"列表中增加新角度。

③ 在"对象捕捉追踪设置"选项区中，根据需要选择"仅正交追踪"或"用所有极轴角设置追踪"的单选按钮。若选择"仅正交追踪"，只沿水平或垂直线追踪，这时只显示经过对象捕捉点的正交（即水平或垂直）追踪辅助线；若选择"用所有极轴角设置追踪"，光标将从获取的对象捕捉点起，沿极轴对齐角度进行追踪。

④ 在"极轴角测量"选项区中，根据需要选择"绝对"或"相对上一段"单选按钮。若选择"绝对"，可以基于当前用户坐标系确定极轴追踪角度；若选择"相对上一段"，可以基

于最后绘制的线段确定极轴追踪角度。

提示：在打开正交模式时，光标将被限制沿水平或垂直方向移动。因此，正交模式和极轴追踪不能同时打开。若打开一个，另一个自动关闭。

**2. 对象捕捉追踪**

对象捕捉追踪是沿着基于对象捕捉点的辅助线（虚线）方向追踪，它可以捕捉到辅助线上的点或两条辅助线的交点。

设置对象捕捉追踪的方法如下。

① 如前所述，打开"草图设置"对话框，在"草图设置"对话框中选择"对象捕捉"选项卡（图 1-25），勾选"启用对象捕捉"和"启用对象捕捉追踪"复选框。

② 在"对象捕捉模式"选区中，勾选对象捕捉追踪的特征点。

提示：① "对象捕捉追踪"必须与"对象捕捉"模式结合使用。② 如果知道要追踪的方向（角度），可使用极轴追踪。如果知道与其他对象的某种关系（如相交、相切等），但不知道具体的追踪方向（角度），则用对象捕捉追踪。极轴追踪和对象捕捉追踪可以同时使用。

**【例 1-2】** 绘制图 1-34 所示两圆及切线。

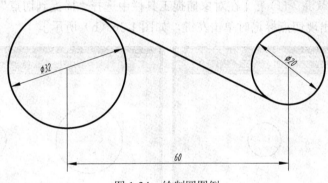

图 1-34　绘制圆图例

操作步骤如下。

① 设置捕捉与追踪。点击主菜单中的【工具】→【草图设置】命令，弹出"草图设置"对话框。在对话框中选择"对象捕捉"选项卡，勾选"启用对象捕捉"和"启用对象捕捉追踪"复选框，并在"对象捕捉模式"选项组中勾选"圆心"对象捕捉模式，点击 确定 按钮。

② 绘制圆。点击绘图工具栏中的"圆"图标⊙，命令行提示：

指定圆的圆心或[三点（3P）/两点（2P）/相切、相切、半径（T）]：（用鼠标任意拾取圆心点）。

指定圆的半径或[直径（D）]<0.0000>：16↙（输入第一个圆的半径）。

按空格键结束命令。

再按空格键重复圆命令。命令行提示：

指定圆的圆心或[三点（3P）/两点（2P）/相切、相切、半径（T）]：[用光标捕捉第一个圆的圆心，待出现图 1-35（a）所示的捕捉提示和标记后，向右移动光标，引出追踪线如图 1-35（b）所示] 60↙（沿追踪线输入第二个圆的圆心）。

指定圆的半径或[直径(D)]<20.0000>：10↙（输入第二个圆的半径）。

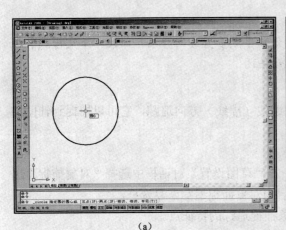
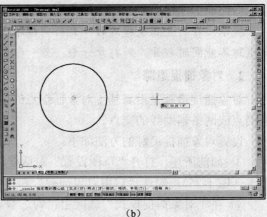

|（a）|（b）|

图 1-35　利用捕捉与追踪工具确定另一圆的圆心

③ 绘制切线。点击绘图工具栏中的"直线"图标 ✏，命令行提示：

**命令: line 指定第一点:** ［在对象捕捉工具栏中选择"捕捉到切点"，移动光标到圆的切点附近，待出现切点标记时单击左键，如图 1-36（a）所示］。

**指定下一点或[放弃（U）]:** ［在对象捕捉工具栏中选择"捕捉到切点"，移动光标到右侧圆的切点附近，待出现切点标记时单击左键，如图 1-36（b）所示］。

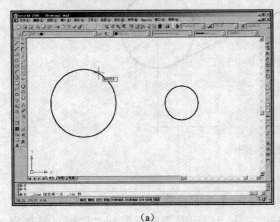
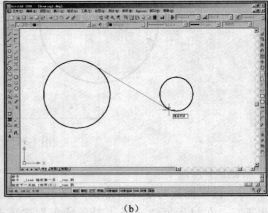

|（a）|（b）|

图 1-36　临时捕捉切点绘制圆切线

# 练习题（一）

## 一、思考题

① AutoCAD2006 提供了哪些不同的启动方法？

② AutoCAD2006 界面由哪几部分组成？它们分别具有什么作用？

③ 命令输入后，系统的操作提示及相关信息显示在何处？

④ 在 AutoCAD2006 中，F2 键的作用是什么？

⑤ 在命令的执行过程中，要中止一个命令的执行需按什么键？

⑥ 熟悉图形文件的"新建"和"打开"命令，"保存"与"另存为"命令有何区别？

⑦ AutoCAD 的图形文件的扩展名与模板文件的扩展名有何区别？

⑧ AutoCAD 命令的输入方式有几种？

⑨ 在下拉菜单中，"…"和"▸"符号分别代表什么意义？

⑩ 怎样激活快捷菜单？

⑪ 要重复执行上一条命令，如何操作？

⑫ 键盘输入"@50，20"，是哪一种坐标？

⑬ 用"窗口方式"选择对象与用"窗交方式"选择对象有何不同？

⑭ 视图被放大或缩小后，图形的实际大小是否会发生相应的变化？

⑮ 绘图过程中的许多信息将在_____中显示出来，如光标的坐标值、一些提示文字等。

## 二、上机练习

① 启动"AutoCAD2006"，用直线命令画一个 400×277 的矩形，并将其全部显示。以自己的姓名为文件名，将画出的矩形保存在 D 盘根目录下。退出系统，再次启动"AutoCAD2006"，打开先前存储的文件。

② 用直线命令绘制图形，观察完成后的图形是什么。为图形起一个文件名，并将其存储在 D 盘根目录下。

系统提示和输入如下：

指定第一点：320，300✓

指定下一点或[放弃（U）]：@40，−200✓

指定下一点或[放弃（U）]：@40，200✓

按空格键，终止命令。

③ 按下 F12 键，关闭"动态输入"开关。用直线命令绘制图形，观察完成后的图形是什么。为图形起一个文件名，并将其存储在 D 盘根目录下。

系统提示和输入如下：

指定第一点：50，300✓

指定下一点或[放弃（U）]：80，100✓

指定下一点或[放弃（U）]：110，242✓

指定下一点或[闭合（C）/放弃（U）]：138，100✓

指定下一点或[闭合（C）/放弃（U）]：168，300✓

按空格键，终止命令。

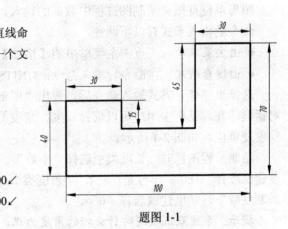

题图 1-1

④ 在正交模式下，用橡皮筋输入法，绘制题图 1-1 所示图形，不注尺寸。

⑤ 分别绘制题图 1-2（a）、（b）所示图形，不注尺寸。

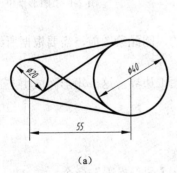

（a）

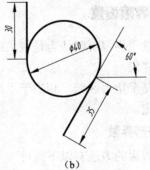

（b）

题图 1-2

23

# 第二章 绘图环境设置

**本章要点** 熟悉图形界限的设置方法，会在屏幕上全部显示图形界限；理解图层的概念，掌握设置图层的方法；掌握线型管理与线宽设置的方法；掌握文字样式的设置方法；掌握标注样式的设置方法。

## 第一节 绘图单位与图形界限设置

应用 AutoCAD 绘图时，选择不同的绘图环境，将直接影响绘图过程中数值的输入和绘图的效率。因此，绘图前的准备工作，是建立一个熟悉、方便的绘图环境。

### 一、图形单位设置

图形单位直接关系制图过程中数据的输入，因此绘图前需确定图形单位。

命令的输入形式有以下两种。

- 由主菜单输入　点击主菜单中的【格式】→【单位】命令。
- 由键盘输入　在命令行输入命令：UNITS✓。

选择上述任一方式输入命令后，弹出"图形单位"对话框，在对话框中用户可以选择长度、角度的类型、精度及单位，如图 2-1 所示。

绘制工程图样时，长度类型选择"小数"，单位精度建议选择"0.00"。单位是"毫米"。角度类型选择"十进制度数"，精度建议选择"0"。

提示：系统默认按逆时针旋转的角度为正，按顺时针旋转的角度为负，如果选中"顺时针"复选框，表示角度按顺时针旋转为正，通常不选择该选项。

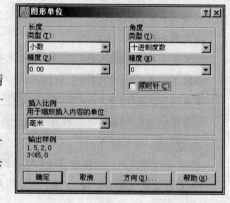

图 2-1 "图形单位"对话框

### 二、图形界限设置

计算机的绘图界限可以认为是很大或是无限的，因此绘图前，需要根据所绘图形尺寸的大小设定绘图界限。

图形界限是个矩形区域，相当于手工绘图的图纸边界。这个矩形区域由左下角点和右上角点的坐标确定。

**1. 设置图形界限**

设置图形界限的方法有以下两种。

- 由主菜单输入　点击主菜单中的【格式】→【图形界限】命令。
- 由键盘输入　在命令行输入命令：LIMITS✓。

用上述任一方式输入命令后，命令行窗口的显示如图 2-2 所示（尖括号内的数值为系统的默认值，下同）。

　　按命令行提示，在键盘上输入矩形左下角点的坐标值后，按 Enter 键（如果采用系统的默认值可直接按 Enter 键，也可以在屏幕上用鼠标指定矩形左下角点），命令行窗口的显示如图 2-3 所示。

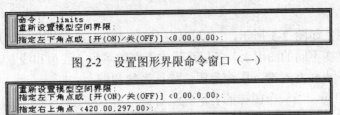

命令：' limits
重新设置模型空间界限：
指定左下角点或 [开(ON)/关(OFF)] <0.00,0.00>：

图 2-2　设置图形界限命令窗口（一）

重新设置模型空间界限：
指定左下角点或 [开(ON)/关(OFF)] <0.00,0.00>：
指定右上角点 <420.00,297.00>：

图 2-3　设置图形界限命令窗口（二）

　　按命令行提示，键入矩形右上角点的坐标值，按 Enter 键（也可以在屏幕上用鼠标指定），完成图形界限的设置。

**2. 显示图形界限**

　　设置了图形界限后，屏幕上没有任何显示。可点击状态栏中部的 栅格 按钮（或按 F7 键），将图形界限用栅格显示出来，如图 2-4（a）所示。

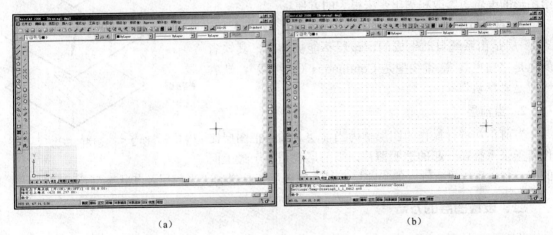

　　　　　　（a）　　　　　　　　　　　　　　　　　　　（b）

图 2-4　显示图形界限

**3. 在屏幕上全部显示图形界限**

　　全部显示是将设置的绘图范围，在屏幕上最大限度的显示出来。

　　在命令行中输入：z↙，命令行提示：

　　指定窗口角点，输入比例因子（nX 或 nXP），或 [全部（A）/中心点（C）/动态（D）/范围（E）/上一个（P）/比例（S）/窗口（W）] <实时>：a↙

　　此时可将图形界限在屏幕上全部显示，如图 2-4（b）所示。

## 第二节　图层的设置

　　任意一幅工程图样中，都包含许多要素，如线型、文字、数字、尺寸、图例符号等。线型要素又包括粗实线、细实线、细点画线、细虚线、双点画线等等。为便于把各要素信息分别绘制、编辑，并且又能适时组合或分离，AutoCAD2006 采用了分图层进行绘图设计工作的方式。

## 一、图层的概念

### 1. 图层

什么是图层呢？如图 2-5 所示，可以把图层想象成没有厚度的透明薄片，将一幅图样的不同内容分别绘制在不同的图层上。各层可设定不同的颜色、线型和线宽。但它们却是完全对齐的，同一坐标点相互对准，图形界限、坐标系统和缩放比例因子等都相同。当一个图样的各层完全打开，所有层重叠在一起，就组合成一幅完整的图样。

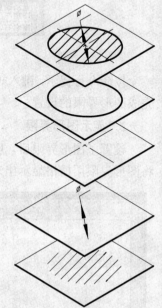

图 2-5　图层的概念

例如：绘制一张齿轮的零件图，可以将细点画线、粗实线、剖面线、尺寸标注各画在不同的图层上，所有图层叠加组合在一起，构成完整的齿轮零件图。

在机械及建筑等工程图样中，主要包括各种线型、尺寸标注以及文字说明等元素。如果用图层来管理它们，不仅能使图形的各种信息清晰、有序，便于观察，而且也会给图形的编辑、修改和输出带来很大的方便。

AutoCAD2006 允许在一张图上设置多达 32 000 层。"0" 层是由系统自动生成的，该层不能被删除，其缺省颜色是 "白色"，缺省线型是 Continuous（连续线），缺省线宽是 "默认"。

### 2. 当前层

当前正在进行操作的图层称为当前层。如果把图层比作若干张重叠在一起的透明薄片，当前层就是位于最上面的那一张。系统只有唯一的当前层，显示在图层工具栏的 "当前层及其状态" 窗口中。

## 二、设置图层的方法

设置图层的方法有以下两种。

- 由工具栏输入　点击图层工具栏中的 "图层特性管理器" 图标 ▧。
- 由主菜单输入　点击主菜单中的【格式】→【图层】命令。

用上述任一方法输入命令后，弹出 "图层特性管理器" 对话框，如图 2-6 所示。

### 1. 新建图层

新建图层，用来创建一个新的图层。

在 "图层特性管理器" 对话框中，点击 "新建图层" 按钮 ▨，在其下方的图层显示框中增加一新层，其缺省层名为 "图层 1"。可以根据需要，为图层创建一个能够表达其用途的名称，如 "1 粗实线"、"2 细实线"、"3 点画线" …等等。新建的图层高亮显示，新层的颜色、线型和线宽等自动继承上一图层的特性，如图 2-7 所示。可按需要改变新层的特性。

新建图层的名称、颜色、线型、线宽等可根据需要设定。为方便初学者，表 2-1 给出了设置新建图层的建议。

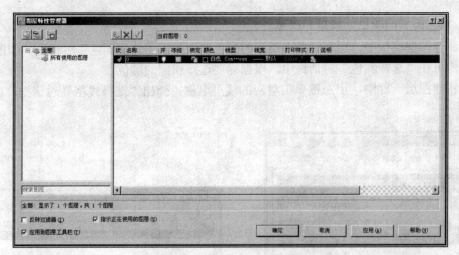

图 2-6 "图层特性管理器"对话框

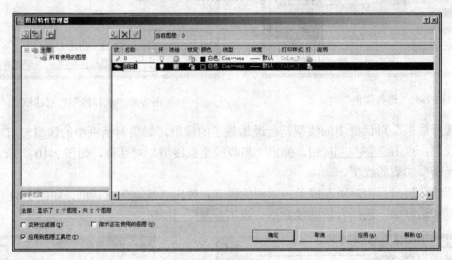

图 2-7 新建图层

表 2-1 设置新建图层的建议

| 层 名 | 颜 色 | 线 型 | 线 宽 |
|---|---|---|---|
| 1 粗实线 | 白/黑 | Continuous | 0.7 |
| 2 细实线 | 白/黑 | Continuous | 0.35 |
| 3 点画线 | 红 | Center | 0.35 |
| 4 虚 线 | 品红 | ACAD_ISO02W100 | 0.35 |
| 5 尺 寸 | 绿 | Continuous | 0.35 |
| 6 文 字 | 蓝 | Continuous | 0.35 |
| 7 剖面线 | 青 | Continuous | 0.35 |

## 2. 删除图层

如果建立了多余的图层,可以将其删除。首先选择需要删除的图层,使其呈高亮显示,点击"删除图层"按钮×即可。但是,当前图层、"0"层、依赖外部参照的图层或包含对象的图层不能被删除。

### 3. 设置图层的颜色、线型和线宽

在新建图层一行中，用左键单击对应的颜色框，弹出"选择颜色"对话框，如图 2-8 所示。用户可在"选择颜色"对话框中，根据需要选择相应的颜色。

在新建图层一行中，用左键单击对应的线型名称，弹出"选择线型"对话框，如图 2-9 所示。

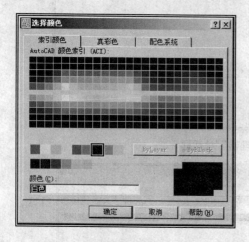

图 2-8 "选择颜色"对话框        图 2-9 "选择线型"对话框

"选择线型"对话框中的线型是已经加载了的线型，如果对话框中的线型没有用户想要设置的线型，点击 加载(L)... 按钮，弹出"加载或重载线型"对话框，如图 2-10 所示。用户可从中选择需要加载的线型。

在新建图层一行中，用左键单击对应的线宽，弹出"线宽"对话框，如图 2-11 所示。在"线宽"对话框中，选择合适的线宽后，点击 确定 按钮。

图 2-10 "加载或重载线型"对话框        图 2-11 "线宽"对话框

### 4. 选择当前层

选择当前层的方法有以下两种。

● 由工具栏选择 点击图层工具栏中的"当前层及其状态"窗口，可弹出图层列表，如图 2-12 所示。在图层列表中，点击所需的图层名称，即可完成当前层的选择操作。

● 由对话框选择 点击图层工具栏中的"图层特性管理器"图标，弹出"图层特性管理器"对话框，选择所需的图层后，点击置为当前按钮 ✓ ，再按 确定 按钮。

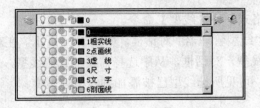

图 2-12    图层列表

实际绘图时，由于操作方便，一般都通过工具栏选择当前层。

### 5. 改变图层状态

每一个图层都有一系列的状态开关，利用这些开关可完成如下操作。

（1）打开或关闭图层    点击图 2-13 中的灯泡图案，可实现对图层的开启或关闭，也可在"图层特性管理器"对话框中进行该操作。关闭图层后，该图层不被显示，也不会被打印，但其会与图形一起重新生成，同时在编辑对象选择物体时，该图层会被选择。

（2）冻结或解冻图层    点击图 2-13 中的太阳图案，会显示雪花图案，这就实现了对该图层的冻结，也可在"图层特性管理器"对话框中进行该操作。冻结图层后可加快缩放、平移等命令的执行，同时处在该图层的所有对象不再显示，既不能被打印，也不能被编辑。

（3）锁定和解锁图层    点击图 2-13 中的锁图案，可实现对该图层的锁定和解锁，也可在"图层特性管理器"对话框中进行该操作。锁定图层后，该图层可显示和打印，也可在图层创建新的对象，但是不能被选择和编辑。

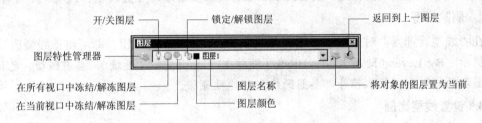

图 2-13    图层工具栏

（4）打开或关闭图层的打印    在"图层特性管理器"对话框中选取需要操作的图层的打印机图案，可对该图层的打印状态进行控制。在 AutoCAD 绘图过程中为了绘图方便，会设置一些辅助图层，而在出图的时候，这些图层是不需要打印的。在这种情况下，可以关闭其打印状态。处在关闭状态时，打印机图案上会出现红色斜杠。

# 第三节    线型管理与线宽设置

## 一、线型管理

### 1. 加载线型

图线是组成图形的基本要素。AutoCAD2006 预先设置了三种线型：By Layer（随层）、By Block（随块）和 Continuous（连续）。在实际绘图时，还需根据所绘图形的具体情况，加载各种线型。加载线型，既可用上一节介绍的图层特性管理器加载，也可用线型管理器加载。

具体操作方法如下。

点击主菜单中的【格式】→【线型】命令。

输入命令后，弹出"线型管理器"对话框，如图 2-14 所示。在对话框中点击 加载(L)... 按钮，弹出"加载或重载线型"对话框，从中选择需要加载的线型，点击 确定 按钮，返回"线型管理器"对话框，可见所选线型已被添加到线型列表中。

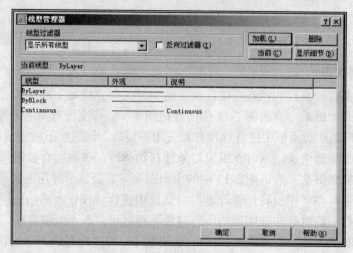

图 2-14  "线型管理器"对话框

提示：如果加载线型在先，设置图层在后，则设置图层时可直接选择线型，不需再加载。

**2. 删除线型**

在"线型管理器"对话框中，选择某线型后点击 删除 按钮，即可将该线型删除。

提示：By Layer（随层）、By Block（随块）、Continuous（连续）、当前线型、已被选择到某图层的线型，以及依赖外部参照的线型不能被删除。

**3. 设置线型比例**

在"线型管理器"对话框中，点击 显示细节(D) 按钮，在对话框下部将显示"详细信息"，且 显示细节(D) 按钮变为 隐藏细节(D) 按钮，如图 2-15 所示。

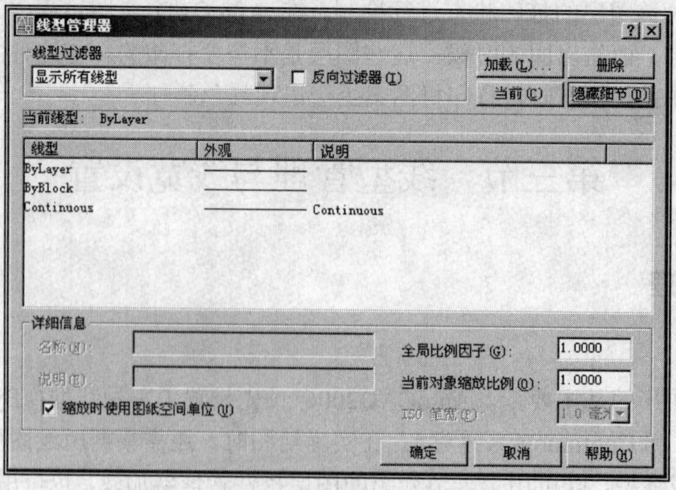

图 2-15  在"线型管理器"对话框显示细节

在对话框中，"全局比例因子"，是所有线型的缩放比例，"当前对象缩放比例"是对所选线型的缩放比例。实际绘图时，为了看到符合制图国家标准的线型效果，建议将线型比例设置为"0.33"。

图 2-16（a）为全局比例因子为"1"时的虚线圆和点画线圆，图 2-16（b）为全局比例因子为"0.33"时的虚线圆和点画线圆。可见，绘制较小图形时，应将线型比例适当缩小。

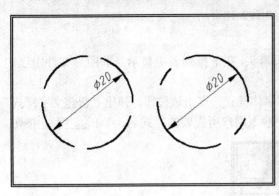 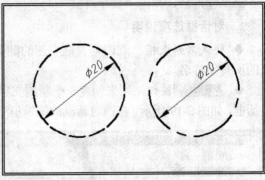

（a） （b）

图 2-16　线型比例不同时的比较

## 二、线宽设置

### 1. 设置线宽

实际绘图时，AutoCAD 使用当前线宽创建对象。系统默认的当前线宽为 By Layer（随层），其含义是：所绘对象的线宽取决于其所在图层所赋予的线宽值。因此，线宽设置一般在设置图层时进行。若要修改已绘图形某种线型的线宽，只要在"图层特性管理器"对话框中，修改该线型所在图层的线宽即可。

### 2. 显示线宽

AutoCAD2006 默认的线宽显示为关闭状态，屏幕上只是按一个像素显示图线，即不显示线宽。

常用的显示线宽方法是：按下状态栏中的 线宽 按钮，使线宽在屏幕上显示出来。

为了使线宽的显示接近实际，可对线宽的显示比例进行调整，具体方法如下。

点击主菜单中的【格式】→【线宽】命令，弹出"线宽设置"对话框，如图 2-17 所示。

图 2-17　"线宽设置"对话框

在对话框中的"调整显示比例"区域移动其中的滑块，重新设置线宽的显示比例。

# 第四节　样式设置

## 一、文字样式设置

文字样式用来定义或修改文字字型的参数，包括字体、字高、字间距以及倾斜角等。

AutoCAD2006 预先设置了"Standard"的文字样式。

**1. 命令的输入**

设置"文字样式"命令的输入方法有以下两种。

● 由工具栏输入　点击样式工具栏中的"文字样式管理器"图标 ⚡。

● 由主菜单输入　点击主菜单中的【格式】→【文字样式】命令。

命令输入后，弹出"文字样式"对话框，如图 2-18 所示。

**2. 对话框选项说明**

◆ 样式名列表框　点击列表框右侧的翻页箭头，在下拉列表中显示当前图形文件中已定义的所有字样名。

◆ 新建(N)... 按钮　用来创建一个新的文字字体样式。点击该按钮，弹出"新建文字样式"对话框，如图 2-19 所示。在该对话框的编辑框中输入用户所需要的样式名，点击 确定 按钮。

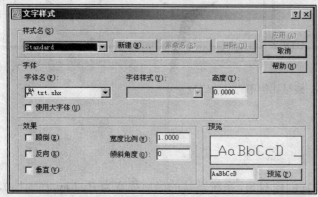

图 2-18　"文字样式"对话框　　　　　　　　图 2-19　"新建文字样式"对话框

◆ 重命名(R)... 按钮　用来更改已选择文字样式的样式名称。

◆ 删除(D) 按钮　用来删除已选择的文字样式。系统预先设置的"Standard"的文字样式不能被删除。

◆ 字体列表框　用来选取字体。点击该列表框的翻页箭头，在下拉列表中选取所需要的中西文字体。

◆ 使用大字体复选框　只有字体名后缀为.shx 的文件，才能使用大字体。勾选该复选框后，字体列表框中只显示后缀为.shx 的文件，原显示"文字样式"处变为显示"大字体"，如图 2-20 所示。可在该列表框中选择大字体的样式。

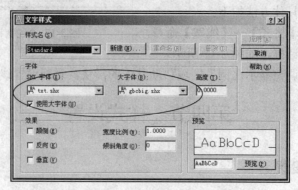

图 2-20　"文字样式"对话框的变化

◆ 字体样式　显示字体样式。

◆ 高度　该输入框主要用于设置文字高度。如果输入大于"0.0"的高度，即设置了该样式的文字高度。

◆ 宽度比例　该输入框用来输入字体宽度与高度的比例。

◆ 倾斜角度　该输入框用来输入字体倾斜的角度。

◆ 应用(A) 按钮　将对话框中所做的样式更改，应用到图形中具有当前样式的文字。

◆ 取消 按钮　取消本次操作。只要对"样式名设置区"中的任何一个选项作出更改，取消 就会变为 关闭(C) 。

◆ 关闭(C) 按钮　关闭对话框。

提示：在进行文字样式设置后，关闭"文字样式"对话框前，要先点击 应用(A) 按钮，再点击 关闭(C) 按钮。

【例 2-1】　创建用于尺寸标注的新文字样式"尺寸"。

操作步骤如下。

① 在"文字样式"对话框中点击 新建(N)... 按钮，在弹出的"新建文字样式"对话框中输入样式名"尺寸"，如图 2-21 所示。点击 确定 按钮，返回到"文字样式"对话框，在字体列表框中选择"isocp.shx"，在宽度比例框中输入"0.7"，在倾斜角度框中输入"15"，如图 2-22 所示。

② 点击 应用(A) 按钮后，再点击 关闭(C) 按钮，关闭对话框。

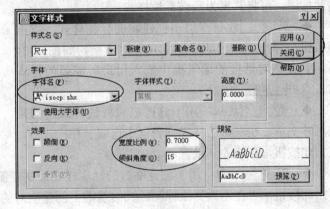

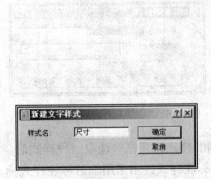

图 2-21　新建文字样式"尺寸"　　　　图 2-22　文字样式"尺寸"

## 二、标注样式设置

标注样式用来定义或修改所有控制工程标注的参数，包括标注文字的设定、标注箭头的控制、尺寸界线与尺寸线的设置等。

AutoCAD 预先设置了 ISO-25 标注样式，比较接近中国的标注习惯，但并不完全符合中国的制图国家标准。因此实际绘图时，仍要对尺寸标注样式进行设置。

**1. 命令的输入**

设置"标注样式"命令的输入方法有以下两种。

● 由工具栏输入　点击样式工具栏中的"标注样式管理器"图标 📐。

● 由主菜单输入　点击主菜单中的【格式】→【标注样式】命令。

选择上述任一方式输入命令，弹出"标注样式管理器"对话框，如图 2-23 所示。

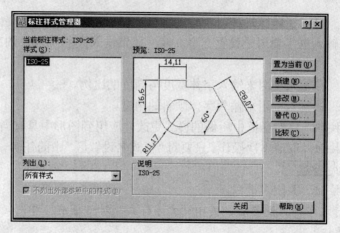

图 2-23 "标注样式管理器"对话框

### 2. 对话框选项的说明

◆ 当前标注样式 显示应用于当前尺寸标注的样式名称。

◆ 样式列表框 显示已建立的标注样式，当前样式的名称以高亮显示。在该列表框中点击右键，弹出快捷菜单，可在其中进行指定当前样式、重命名、删除样式等操作。

提示：当前标注样式不能被删除。

◆ 置为当前(U) 按钮 用于设置当前标注样式。在左侧的样式列表框中选取一种样式后，点击此按钮，可将其置为当前标注样式。

◆ 新建(N)... 按钮 用于创建新的标注样式。点击该按钮，弹出"创建新标注样式"对话框，如图 2-24 所示。在该对话框的编辑框中输入用户所需要的样式名，点击 继续 按钮。

图 2-24 "创建新标注样式"对话框

◆ 修改(M)... 按钮 用于修改已有标注样式中的某些尺寸变量。在左侧的样式列表框中选取一种样式后，点击此按钮，可修改其设置。

◆ 替代(O)... 按钮 用于创建临时的标注样式。在左侧的样式列表框中选取一种样式后，点击此按钮，可在不改变原标注样式的基础上创建临时的标注样式。当采用临时标注样式标注某一尺寸后，再继续采用原来的标注样式标注其他尺寸时，其标注效果不受临时标注样式的影响。

◆ 比较(C)... 按钮 用于比较不同标注样式中有区别的尺寸变量，并用列表的形式显示出来。

【例 2-2】 创建符合制图国家标准的尺寸标注样式"GB"。

操作步骤如下。

① 点击"标注样式管理器"对话框中的 新建(N)... 按钮，系统打开"创建新标注样式"对话框。在"创建新标注样式"对话框的编辑框中，输入新样式名"GB"，点击 继续 按钮，弹出"新建标注样式"对话框，如图 2-25 所示。

② 分别进入各选项卡，根据制图国家标准的规定，对直线、箭头和文字等进行设置。

● 点击直线选项卡 将尺寸界线超出尺寸线的数值修改为"2"，起点偏移量修改为"0"，如图 2-26 所示。

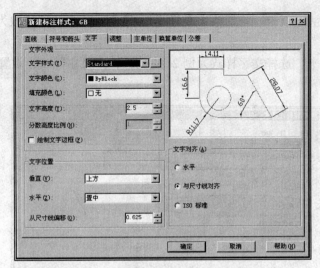

图 2-25 "新建标注样式：GB"对话框

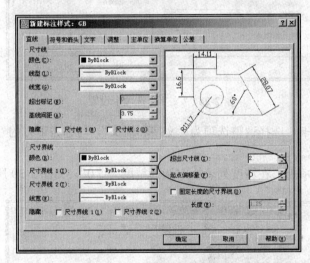

图 2-26 "直线"选项卡设置

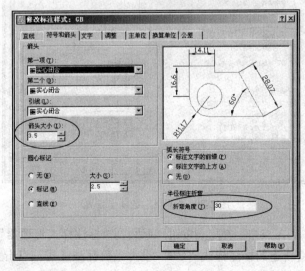

图 2-27 "符号和箭头"选项卡设置

● 点击符号和箭头选项卡　将箭头大小修改为"3.5"，折弯角度修改为"30"，如图2-27所示。

● 点击文字选项卡　选择文字样式为例2-1中设置的"尺寸"样式，设置文字高度为"3.5"，如图2-28所示。

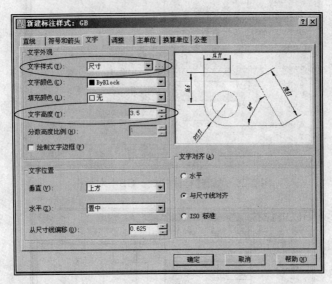

图2-28　"文字"选项卡设置

● 点击调整选项卡　选择调整选项为"文字和箭头"，勾选右下方的"手动放置文字"复选框，如图2-29所示。

● 点击主单位选项卡　在精度列表框中选择精度为"0"，如图2-30所示。

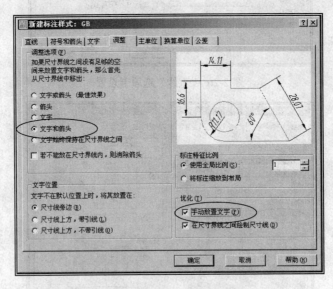

图2-29　"调整"选项卡设置

③ 参数设置完毕后，点击 确定 按钮，返回到"标注样式管理器"对话框（图2-23），点击 置为当前(U) 按钮，将新建的标注样式"GB"设为当前标注样式。点击 关闭 按钮，返回绘图界面，标注样式设置完毕。

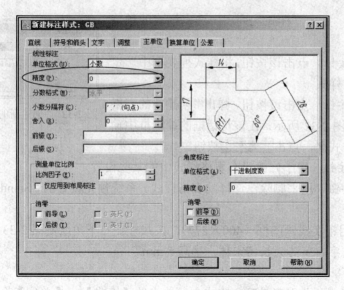

图 2-30 "主单位"选项卡设置

## 三、表格样式设置

表格样式是用来定义表格的基本形状、单元格特性、边框特性和表格的生成方向。AutoCAD2006 预先设置了 STANDARD 的表格样式。

### 1. 命令的输入

设置"表格样式"命令的输入方法有以下两种。

● 由工具栏输入　点击样式工具栏中的"表格样式管理器"图标。

● 由主菜单输入　点击主菜单中的【格式】→【表格样式】命令。

选择上述任一方式输入命令，弹出"表格样式"对话框，如图 2-31 所示。

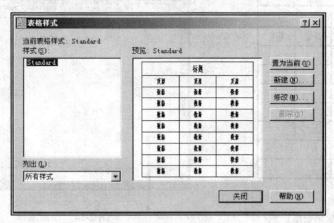

图 2-31 "表格样式"对话框

### 2. 对话框选项说明

◆ 当前表格样式　显示应用于创建表格样式的名称。

◆ 样式列表框　显示已建立的表格样式，当前样式的名称以高亮显示。在该列表框中点击右键，弹出快捷菜单，可在其中进行指定当前样式、重命名、删除样式等操作。

◆ 预览窗口　显示"样式"列表中选定样式的预览图像。

◆ 置为当前(U)按钮　点击该按钮，将样式列表框中选定的样式设置为当前样式。

图 2-32　"创建新的表格样式"对话框

◆ 新建(N)...按钮　点击该按钮，弹出"创建新的表格样式"对话框，如图 2-32 所示。在该对话框的编辑框中输入用户所需要的样式名，点击 继续 按钮。

◆ 修改(M)...按钮　用于修改已有表格样式中的某些设置。

◆ 删除(D)按钮　用来删除已选择的表格样式。系统预先设置的"Standard"的表格样式不能被删除。

【例 2-3】　用粗实线画图框（400×277），按尺寸在右下角绘制图 2-33 所示表格，并在表格内填写相应文字。字体为长仿宋体，字高 5 mm。

操作步骤如下。

（1）设置图形单位与图形界限　点击主菜单中的【格式】→【单位】命令，选择精度为"0.00"。点击主菜单中的【格式】→【图形界限】命令，命令行提示：

指定左下角点或[开（ON）/关（OFF）]<0.00, 0.00>: ↙（指定左下角点坐标值）

指定右上角点<420.00，297.00>: ↙（指定右上角点坐标值）

命令: z↙

指定窗口角点，输入比例因子（nX 或 nXP），或 [全部（A）/中心点（C）/动态（D）/范围（E）/上一个（P）/比例（S）/窗口（W）] <实时>: a↙

（2）设置图层　点击图层工具栏中的"图层特性管理器"图标 ，在"图层特性管理器"对话框中，点击"新建图层"按钮 ，按表 2-1 的建议，新建 3 个图层，分别为：1 粗实线、2 细实线、6 文字。

图 2-33　绘制表格图例

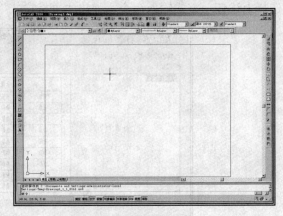

图 2-34　绘制图框

（3）绘制图框　在图层工具栏的"当前层及其状态"窗口中，将"1 粗实线"层设置为当前层。点击绘图工具栏中的"直线"图标 ，命令行提示：

命令: line 指定第一点: 0, 0↙（输入图框左下角点坐标）

指定下一点或[放弃（U）]:（按 F8 键，打开正交开关，向右移动光标）400↙

指定下一点或[放弃（U）]:（向上移动光标）277↙

指定下一点或[闭合（C）/放弃（U）]：（向左移动光标）400✓

指定下一点或[闭合（C）/放弃（U）]：c✓

绘制出的图框，如图 2-34 所示。

（4）设置表格样式　步骤如下。

① 点击"表格样式"图标 ，弹出"表格样式"对话框，在对话框中点击 新建(N)... 按钮，弹出"创建新的表格样式"对话框。

② 输入新的表格样式名"标题栏"，点击 继续 按钮，系统弹出"新建表格样式：标题栏"对话框。

③ 如图 2-35 所示，在"数据"选项卡中的"单元特性"区，点击"文字样式"后边的按钮 ，弹出"文字样式"对话框。在对话框中创建名为"仿宋"的文字样式，关闭"使用大字体"复选框后，选择字体名"T 仿宋_GB2312"，设置宽度比例为"0.7"，如图 2-36 所示。

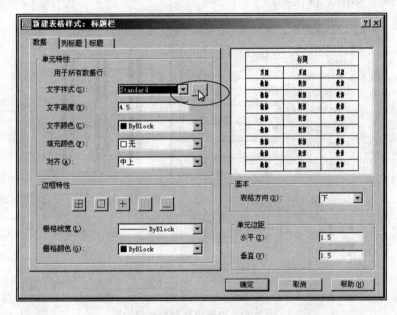

图 2-35　"新建表格样式：标题栏"对话框

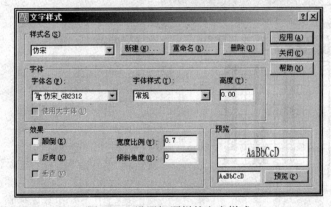

图 2-36　设置标题栏的文字样式

点击 应用(A) 按钮后，关闭"文字样式"对话框，返回到"新建表格样式"对话框。在对话框中选择文字样式"仿宋"。在文字高度输入框中输入"5"，在对齐方式列表框中选择"正中"。

④ 在"边框特性"区，选择栅格线宽为"0.7"后，点击"外边框"按钮□。

⑤ 在"基本"区，选择表格方向为"上"（表格向上生成，反之表格将向下生成）。

⑥ 在单元边距区，将"水平"边距设置为"0"，"垂直"边距设置为"0"。

在"数据"选项卡中完成设置的对话框，如图 2-37 所示。

⑦ 在"列标题"选项卡中，关闭"包含页眉行"复选框。

⑧ 在"标题"选项卡，关闭"包含标题行"复选框。

⑨ 点击 确定 按钮，返回到"表格样式"对话框。在对话框中选择"标题栏"表格样式，点击 置为当前(U) 按钮，点击 关闭 按钮，完成表格样式的设置。

（5）绘制表格　步骤如下。

① 将"2 细实线"层设为当前层。点击主菜单中的【绘图】→【表格】命令，弹出"插入表格"对话框，如图 2-38 所示。

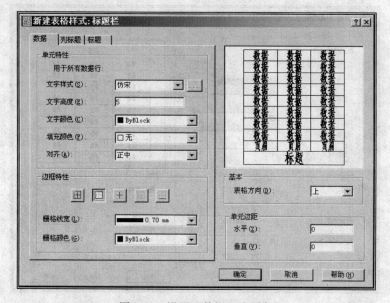

图 2-37　设置"数据"选项卡

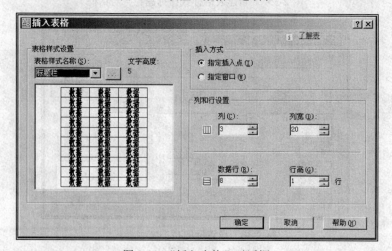

图 2-38　"插入表格"对话框

② 根据题意，在对话框中设置"3"列、"8"行，列宽为"20"，行高为"1"，点击 确定 按钮，返回到绘图状态，可见表格"挂"在十字光标上随光标移动。命令行提示：

指定插入点：（打开对象捕捉与对象追踪，捕捉图框右下角点后左移光标，如图 2-39 所示）60↙

输入表格插入点后，系统在该点自下而上自动生成一个空表格，并显示"文字格式"编辑器，如图 2-40 所示。在该对话框中点击 确定 按钮退出。

（6）编辑表格　步骤如下。

① 修改行高。拾取全部单元格，表格变为虚线，表格上下左右四个边的中点出现蓝色小方块，如图 2-41 所示。点击右键，弹出快捷菜单，从中选择"特性"命令，弹出特性栏，如图 2-42 所示。

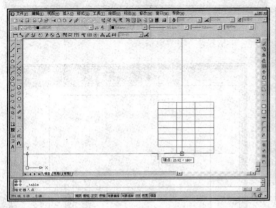

图 2-39　输入表格插入点

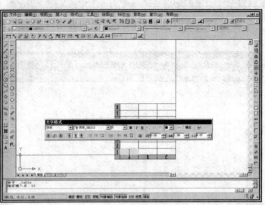

图 2-40　空表格和多行文字编辑器

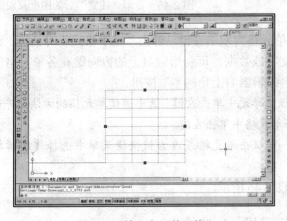

图 2-41　拾取全部单元格

图 2-42　特性栏

在特性栏中，将"单元高度"修改为"10"，↙，表格的行高改变为 10，如图 2-43 所示。

提示：如需修改表格的列宽，只要先拾取该列中的某个单元格，然后在特性栏中修改"单元宽度"并↙。

② 根据题意，合并单元格。选中右下角的四个单元格，点击右键，在弹出的快捷菜单中选择【合并单元】→【按行】命令，如图 2-44 所示。

编辑后的表格，如图 2-45 所示。

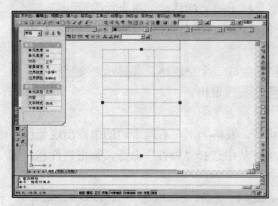

图 2-43　修改"单元高度"后的表格

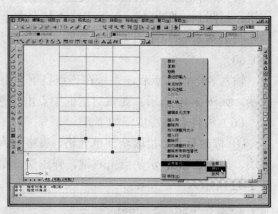

图 2-44　用快捷菜单合并单元格

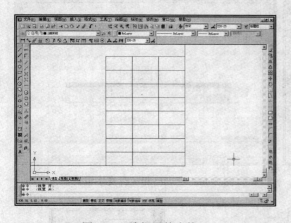

图 2-45　编辑后的表格

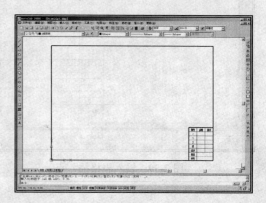

图 2-46　显示"线宽"后的图框及表格

③ 填写文字。在需要填写文字的单元格内双击左键，弹出"文字格式"对话框。调出某种输入法，在光标闪烁处输入相应的文字或数据。可利用键盘上的方向键在各单元格间移动光标，输入完成后，点击"文字格式"编辑器右上角的 确定 按钮。

提示：选中单个单元格的方法是在欲选单元中单击左键。选中连续单元格的方法是先选中一个单元格，按住 shift 键的同时，在另一单元格中单击左键。

如若编辑单元格内的文字或数据，可双击单元格或在右键快捷菜单中选择【编辑单元文字】命令。

显示"线宽"后的图框及表格，如图 2-46 所示。

# 练习题（二）

## 一、思考题

① 图形界限一般在窗口中是看不出来的，怎样操作才可以看到绘图区域？

② 如何创建新的图层？

③ 图层操作中，如将某图层关闭，该图层上的对象还能否显示和打印？

④ 绘图操作总是在哪个图层上进行？

⑤ 如何设置线型的比例？

⑥ 要在屏幕上显示出线型的宽度需怎样操作？

⑦ 设置文字样式后，必须点击哪个按钮使设置生效？

⑧ 怎样在"标注样式管理器"对话框中创建符合我国制图国家标准的标注样式？

⑨ 当前标注样式能否被删除？

⑩ 如何设置表格样式？

⑪ 怎样创建表格？

⑫ 怎样编辑表格？

⑬ 如何合并表格的单元格？

⑭ 表格中的行高受哪些因素影响？

## 二、上机练习

① 按题目要求，设置绘图初始环境，绘制图框及标题栏。

具体要求如下。

- 存盘时，文件名采用考试号码的后四位数。

- 存盘前使图框充满屏幕。

- 尺寸标注参数：符合制图国家标准的要求。

- 分层绘图。图层、颜色、线型要求如下：

| 层名 | 颜色 | 线型 | 用途 |
| --- | --- | --- | --- |
| 0 | 黑/白 | 实线 | 粗实线 |
| 1 中心线 | 红 | 点画线 | 中心线 |
| 2 虚线 | 洋红 | 虚线 | 虚线 |
| 3 细实线 | 绿 | 实线 | 细实线 |
| 4 尺寸标注 | 黄 | 实线 | 尺寸标注 |
| 5 文字 | 蓝 | 实线 | 文字 |

- 用粗实线画出边框（400×277），按题图 2-1 所示尺寸，在右下角绘制标题栏，在对应框内填写相应文字，字体为长仿宋体，字高 5 mm。

② 用粗实线画出边框（400×277），按题图 2-2 所示尺寸，在右下角绘制标题栏，在对应框内填写相应文字，字体为长仿宋体，字高 7 mm。

题图 2-1

题图 2-2

# 第三章　绘图的基本方法

**本章要点**　通过绘图的实际操作，熟悉并掌握常用绘图命令的使用方法；熟悉并掌握常用编辑与修改图形的方法；掌握常用的尺寸标注方法；掌握文字标注的方法；能够正确绘制平面图形并标注尺寸。

# 第一节　简单图形的绘制

## ◆ 题目

按 1：1 的比例，绘制图 3-1 所示简单图形，不注尺寸。将所绘图形存盘，文件名为"01-简单图形"。

## ◆ 本题知识点

圆、直线、角度线的绘制方法；修剪、镜像等命令的使用；常用的显示控制方法及存储文件的方法。

## ◆ 绘图前的准备

按照前两章介绍的方法，做绘图前的准备工作。

① 设置绘图单位：mm。

② 设置单位精度：0.00。

③ 设置图形界限：297 mm×210 mm，并在屏幕上全部显示图形界限。

④ 设置图层："1 粗实线"层，"3 点画线"层，并将"1 粗实线"层设置为当前层。

⑤ 设置线型比例：0.33。

⑥ 设置工具栏：开启"对象捕捉"工具栏，并将其置于"绘图"工具栏右侧。

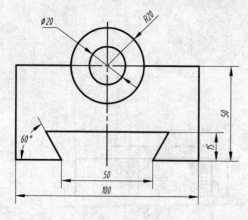

图 3-1　简单图形图例

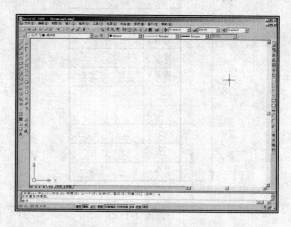

图 3-2　绘图准备工作完毕

⑦ 设置自动捕捉：点击"对象捕捉"工具栏最下方的"对象捕捉设置"按钮 🔒，在"草图设置"对话框中选择"对象捕捉"选项卡，勾选"启用对象捕捉"和"启用对象捕捉追踪"复选框，并在"对象捕捉模式"选项组中勾选端点、中点、圆心和交点四种常用的对象捕捉模式。

绘图准备工作完成后的界面，如图 3-2 所示。

## 一、绘制圆

点击绘图工具栏中的"圆"图标 ⊙，命令行提示：

指定圆的圆心或[三点（3P）/两点（2P）/相切、相切、半径（T）]：

选项说明

● 指定圆的圆心　该选项为系统的默认选项。可以指定某点为圆心绘制圆。

● 三点（3P）　若键入 3p↙，可以指定圆上三点，确定圆的大小和位置。

● 两点（2P）　若键入 2p↙，可以给定两点为直径绘制圆。

● 相切、相切、半径（T）　若键入 t↙，可画与两条已知线段相切的圆。

如果要画与三条已知线段均相切的圆，需通过主菜单输入，即点击主菜单中的【绘图】→【圆】→【相切、相切、相切】命令。

本例采用系统的默认选项，将光标置于屏幕上适当位置，单击左键，确定圆心后，命令行提示：

指定圆的半径或[直径(D)]<0.00>: 20↙

重复"圆"命令，命令行提示：

指定圆的圆心或[三点（3P）/两点（2P）/相切、相切、半径（T）]：

如图 3-3（a）所示，移动光标到已绘圆上，待出现"圆心"标记后，单击左键。命令行提示：

指定圆的半径或[直径(D)]<0.00>: 10↙

绘制出的两个同心圆，如图 3-3（b）所示。

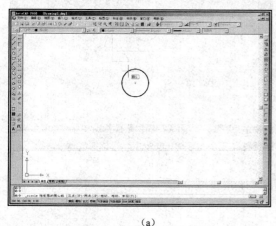
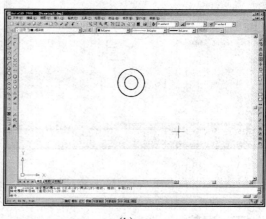

(a)　　　　　　　　　　　　　　　　　　(b)

图 3-3　绘制同心圆

## 二、绘制直线与角度线

点击绘图工具栏中的"直线"图标 ╱，命令行提示：

指定第一点：（点击"对象捕捉"工具栏中的"捕捉到象限点"图标 ⊗，移动光标至圆

的右象限点，待出现"象限点"标记后，单击左键）

　　　　指定下一点或[放弃（U）]：（开启"正交"方式，向右移动光标，拖动出橡皮筋）30↙（沿橡皮筋输入法）

　　　　选项说明

　　　● 放弃（U）　若键入u↙，表示放弃前面输入的点，重新指定第一点。

　　　　指定下一点或[放弃（U）]：（向下移动光标）50↙

　　　　指定下一点或[闭合（C）/放弃（U）]：（向左移动光标）25↙

　　　　选项说明

　　　● 闭合（C）　若键入c↙，表示与第一点相连，构成闭合图形，并结束命令。

　　　　指定下一点或[闭合（C）/放弃（U）]：（点击"对象捕捉"工具栏最下方的"对象捕捉设置"按钮 🔳，在"草图设置"对话框中选择"极轴追踪"选项卡，勾选"启用极轴追踪"复选框，设置极轴增量角为"60"，点击 确定 按钮,关闭对话框，返回绘图状态）

　　　　提示：启用"极轴"追踪后，系统自动关闭"正交"方式。

　　　　如图3-4（a）所示，向右上方移动光标，待出现60°的极轴追踪线时单击左键。

　　　　指定下一点或[闭合（C）/放弃（U）]：↙（结束命令）

　　　　重复"直线"命令，命令行提示：

　　　　指定第一点：（开启"正交"方式，移动光标到已绘圆上，待出现"圆心"标记后，向下移动光标，引出270°追踪线）35↙（沿追踪线输入法）

　　　　指定下一点或[放弃（U）]：（向右移动光标，待橡皮筋超过角度线后单击左键）

　　　　指定下一点或[放弃（U）]：↙（结束命令）

　　　　绘制出的直线与角度线，如图3-4（b）所示。

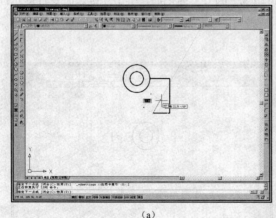
（a）

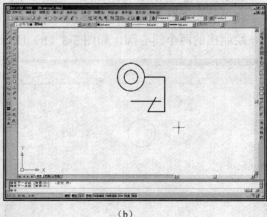
（b）

图3-4　绘制直线与角度线

## 三、修剪

　　修剪的功能是剪掉某些实体的一部分。

　　将光标置于屏幕中央，向上滚动鼠标滚轮将图形放大。点击修改工具栏中的"修剪"图标 ┤，命令行提示：

　　　　当前设置：投影=UCS，边=无

　　　　选择剪切边…

选择对象或<全部选择>: ↙（全部实体已被选中，十字光标变为拾取框）

选择要修剪的对象，或按住 Shift 键选择要延伸的对象，或

[栏选（F）/窗交（C）/投影（P）/边（E）/删除（R）/放弃（U）]：[如图 3-5（a）所示，选择欲修剪的线段]

[栏选（F）/窗交（C）/投影（P）/边（E）/删除（R）/放弃（U）]：

逐一选择欲修剪的线段后，↙结束命令。

修剪后的图形，如图 3-5（b）所示。

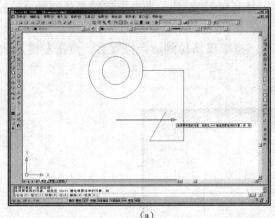
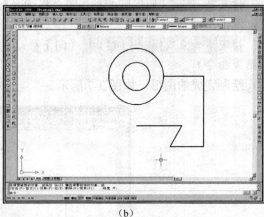

（a）　　　　　　　　　　　　　（b）

图 3-5　修剪

## 四、镜像

镜像的功能是对选定的实体对象进行对称复制，并根据需要保留或删除原实体对象。

点击修改工具栏中的"镜像"图标，命令行提示：

选择对象：（拾取已绘制的直线与角度线，可进行多次拾取，拾取结束后↙）

指定镜像线的第一点：（拾取圆心作为对称轴线上的第一点）

指定镜像线的第二点：（向下移动光标，拾取下部水平线端点）

是否删除源对象？[是（Y）/否（N）]<N>: ↙（不删除原对象，该选项为默认选项）

镜像后的图形，如图 3-6（a）所示。

如果在上一步骤输入 y↙，则删除源对象，如图 3-6（b）所示。

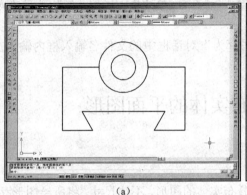
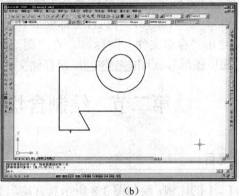

（a）　　　　　　　　　　　　　（b）

图 3-6　镜像

### 五、绘制点画线

在图层工具栏中的"当前层及其状态"窗口，选择"2 点画线"层为当前层。

点击绘图工具栏中的"直线"图标 ✍，命令行提示：

**指定第一点：**（捕捉并拾取圆的左象限点）

**指定下一点或[放弃（U）]：**（捕捉并拾取圆的右象限点）✓（结束命令）

重复"直线"命令，命令行提示：

**指定第一点：**（捕捉圆心后，向上移动光标，引出 90°追踪线。当光标超越最外圆约 4 mm 时，单击左键）

**指定下一点或[放弃（U）]：**（向下移动光标，将橡皮筋拉到适当位置后，点击左键）✓（结束命令）

绘制完成的图形，如图 3-7 所示。

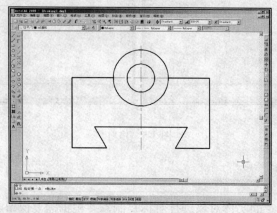

图 3-7　完成图形

### 六、存储文件

① 仔细检查全图，确保图形无误。

② 由键盘输入 z✓，系统提示：

**ZOOM**

**指定窗口角点，输入比例因子（nX 或 nXP），或**

**[全部（A）/中心点（C）/动态（D）/范围（E）/上一个（P）/比例（S）/窗口（W）/对象（O）]<实时>：** a✓（执行全部缩放）

③ 点击"存储文件"图标 🖫，在"图形另存为"对话框中的文件名输入框内输入文件名"01-简单图形"，点击 保存(S) 按钮存储文件。

## 第二节　绘制含均布实体的平面图形

◆ **题目**

按 1∶1 的比例，绘制图 3-8 所示具有均匀分布实体的图形，不注尺寸。将所绘图形存盘，文件名为"02-含均布实体的平面图形"。

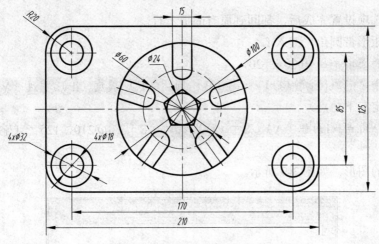

图 3-8   含均布实体的平面图形

◆ **本题知识点**

矩形、正多边形的绘制，矩形阵列、环形阵列、拉长等命令的使用。

◆ **绘图前的准备**

① 设置绘图单位：mm。

② 设置单位精度：0.00。

③ 设置图形界限：297 mm×210 mm，并在屏幕上全部显示图形界限。

④ 设置图层："1 粗实线"层，"3 点画线"层，并将"1 粗实线"层设置为当前层。

⑤ 设置线型比例：0.33。

⑥ 设置工具栏：开启"对象捕捉"工具栏，并将其置于"绘图"工具栏右侧。

⑦ 设置自动捕捉：点击"对象捕捉"工具栏最下方的"对象捕捉设置"按钮 **n.**，在"草图设置"对话框中选择"对象捕捉"选项卡，勾选"启用对象捕捉"和"启用对象捕捉追踪"复选框，并在"对象捕捉模式"选项组中勾选端点、中点、圆心和交点四种常用的对象捕捉模式。

## 一、绘制矩形

点击绘图工具栏中的"矩形"图标 **□**，命令行提示：

指定第一个角点或[倒角（C）/标高（E）/圆角（F）/厚度（T）/宽度（W）]:

选项说明

● 指定第一个角点   该选项为系统的默认选项。可以指定矩形的一个角点。

● 倒角（C）   若键入 c✓，可绘制带倒角的矩形，并可设置倒角的距离。

● 标高（E）   若键入 e✓，可设置矩形所在平面的高度，此时所绘矩形不在 XY 平面上，而是在与 XY 平面平行、距离为设置高度的平面上。

● 圆角（F）   若键入 f✓，可绘制带圆角的矩形，并可设置圆角的半径。

● 厚度（T）   若键入 t✓，可绘制具有一定厚度的矩形，设置厚度后，绘制的矩形在高度方向有了一个延伸，相当于绘制了一个三维立体盒子。

● 宽度（W）   若键入 w✓，可设置矩形的宽度。

以上每个选项设置完成后，都回到原有的提示行。

因本例中矩形带圆角，键入 f✓

指定矩形的圆角半径<0.00>: 20✓

指定第一个角点或[倒角（C）/标高（E）/圆角（F）/厚度（T）/宽度（W）]: （在屏幕上适当位置指定左下角点）

指定另一个角点或[面积（A）/尺寸（D）/旋转（R）]: @210，125✓（输入右上角点的相对坐标）

绘制完成的图形，如图 3-9 所示。

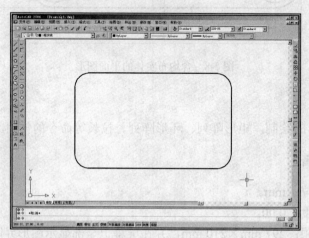

图 3-9　绘制矩形

## 二、在指定位置绘制圆及点画线

### 1. 绘制圆

点击绘图工具栏中的"圆"图标◯，命令行提示：

指定圆的圆心或[三点（3P）/两点（2P）/相切、相切、半径（T）]: （移动光标到左下圆角上，待出现"圆心"标记后，单击左键）命令行提示：

指定圆的半径或[直径（D）]<0.00>: 16✓（绘制出直径为 32 的圆）

重复"圆"命令，绘制出直径为 18 的圆。

绘制出的同心圆，如图 3-10（a）所示。

### 2. 绘制点画线

将当前层设置为"3 点画线"层，绘制圆的中心线。

点击绘图工具栏中的"直线"图标╱，命令行提示：

指定第一点: （捕捉圆心后，向左移动光标，引出 180°追踪线。当光标超越最外圆约 3 mm 时，单击左键）

指定下一点或[放弃（U）]: （开启"正交"方式，向右移动光标，将橡皮筋拉到超越最外圆约 3 mm 时，单击左键，绘制出水平中心线）✓（结束命令）

用类似的操作，绘制出竖直中心线和矩形的对称线。

绘制出的图形，如图 3-10（b）所示。

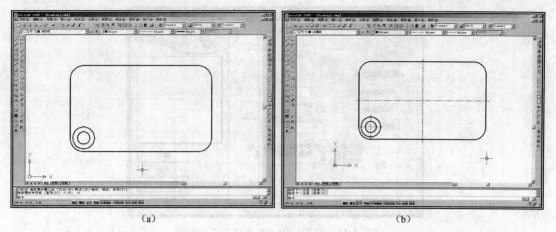

| (a) | (b) |

图 3-10　绘制同心圆及中心线

提示：绘制矩形的对称线时，捕捉矩形边框的中点并引出追踪线。

## 三、矩形阵列

矩形阵列的功能是通过一次操作，同时生成呈矩形阵列的若干个相同的图形。

点击修改工具栏中的"阵列"图标品，弹出"阵列"对话框，如图3-11所示。

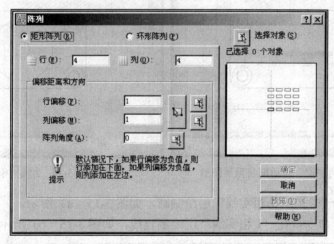

图 3-11　"矩形阵列"对话框

在"行"输入框中输入需要阵列的行数"2"。

在"列"输入框中输入需要阵列的列数"2"。

在"行偏移"输入框中输入圆的垂直中心距"85"。

在"列偏移"输入框中输入圆的水平中心距"170"。

点击右上方的"选择对象"图标，对话框暂时消失，命令行提示：

选择对象：（拾取左下角的两同心圆及其中心线，点击右键确认，返回到"阵列"对话框）

此时，在对话框的"选择对象"下面，显示拾取对象个数，如图3-12所示。

点击 预览(V)< 按钮，弹出"阵列预览"对话框，并在绘图区预显阵列结果，如图 3-13所示。

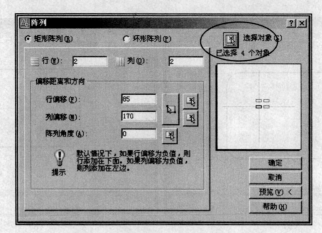

图 3-12　设置后的"矩形阵列"对话框

从图 3-13 中可见，阵列符合要求，点击 ▢接受 按钮，结束阵列操作。

提示：如不符合要求，点击 ▢修改 按钮，重新回到"阵列"对话框。

执行"圆"命令，分别在"1 粗实线"层和"3 点画线"层，绘制中间的圆，如图 3-14 所示。

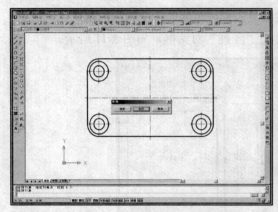

图 3-13　"阵列预览"对话框及预显图形

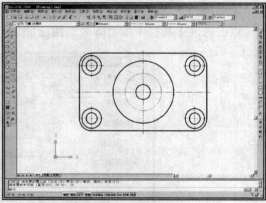

图 3-14　绘制中间圆

执行"圆"命令，在"1 粗实线"层绘制圆，如图 3-15（a）所示。

执行"直线"命令，在"1 粗实线"层绘制直线，如图 3-15（b）所示。

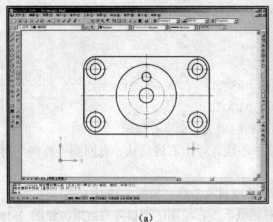

（a）

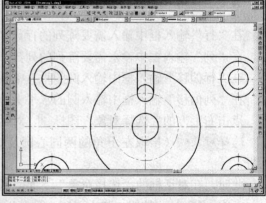

（b）

图 3-15　绘制顶部槽（一）

**52**

提示：绘制直线时，要捕捉圆的左右象限点。

执行"修剪"命令，剪掉多余图线。

修剪后的顶部槽轮廓，如图 3-16 所示。

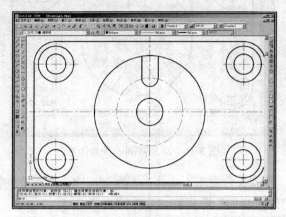

图 3-16　绘制顶部槽（二）

## 四、环形阵列

环形阵列的功能是通过一次操作，同时生成呈圆形阵列的若干个相同的图形。

点击修改工具栏中的"阵列"图标品，弹出"阵列"设置对话框，在对话框的单选框中选择"环形阵列"选项。

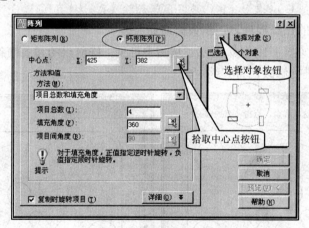

图 3-17　"环形阵列"对话框

如图 3-17 所示，点击"中心点"输入框右边的"拾取中心点"按钮，对话框暂时消失，命令行提示：

**指定阵列中心点：**（在绘图区直接拾取中间圆的圆心作为中心点，返回到阵列对话框）

在"项目总数"输入框中输入需要阵列的槽的总数"5"。

点击右上方的"选择对象"图标，对话框暂时消失，命令行提示：

**选择对象：**（拾取上部小槽的两段直线、一段圆弧及竖直点画线，点击右键确认，返回到"阵列"对话框）

点击 预览(V) < 按钮，弹出"阵列预览"对话框，并在绘图区预显阵列结果，如图 3-18 所示。

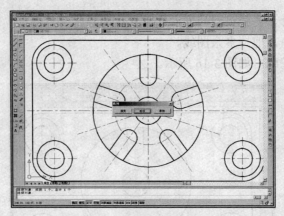

图 3-18　环形阵列的预显图形

从图 3-18 中可见，阵列符合要求，点击 接受 按钮，结束阵列操作。

点击修改工具栏中的"修剪"图标 ，命令行提示：

**当前设置：投影=UCS，边=无**

**选择剪切边...**

**选择对象或<全部选择>：**（拾取图中的水平中心线↙）

**选择要修剪的对象，或按住 Shift 键选择要延伸的对象，或**

**[栏选（F）/窗交（C）/投影（P）/边（E）/删除（R）/放弃（U）]：**[如图 3-19（a）所示，点击图中点画线的多余部分]

**[栏选（F）/窗交（C）/投影（P）/边（E）/删除（R）/放弃（U）]：**

逐一选择欲修剪的点画线后↙，结束修剪命令。

修剪后的图形，如图 3-19（b）所示。从图中可见，修剪后的四条倾斜点画线，超出图形轮廓大于 5 mm，需进行修改，将其缩短。

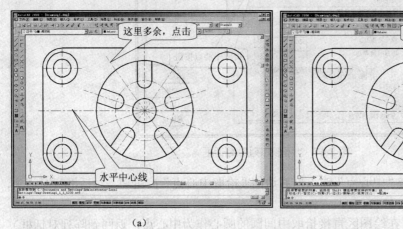
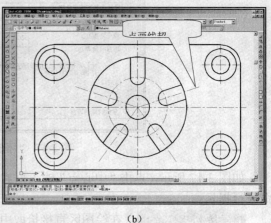

　　　　（a）　　　　　　　　　　　　　　　　　（b）

图 3-19　修剪

## 五、拉长

拉长的功能是改变直线、圆弧、椭圆弧的长度，即可拉长，又可缩短。

点击主菜单中的【修改】→【拉长】命令，命令行提示：

选择对象或[增量（DE）/百分数（P）/全部（T）/动态（DY）]:

选项说明

● 选择对象　该选项为默认选项。选择直线后，命令行显示其测量长度。选择圆弧后，命令行显示其测量长度和圆心角，并再次回到原提示。

● 增量（DE）　若键入de↙，可通过输入一个数值作为对象的增加或缩短量。输入正值表示增加，反之为缩短。

● 百分数（P）　若键入p↙，可通过输入线段改变后的长度与原长度之比的百分数，改变线段长度；或者通过改变指定圆弧（或椭圆弧）的圆心角度与原角度之比的百分数，改变圆弧（或椭圆弧）角度。改变后对象的总长度（或角度），等于用户输入的百分数乘以对象的原长度（或原角度）。

● 全部（T）　若键入t↙，可通过重新设置对象的总长度（或总角度），改变其长度（或角度）。

● 动态（DY）　若键入dy↙，可通过动态方式改变实体的长度或圆弧、椭圆弧的角度。

本例中选用增量方式，即键入de↙，命令行提示：

输入长度增量或[角度（A）]<0.00>: -10↙

选择要修改的对象或[放弃（U）]:（拾取超出图形轮廓过长的点画线，如图3-20所示）

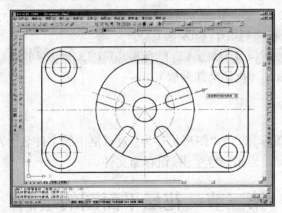

图 3-20　用"拉长"命令修改点画线的长度

选择要修改的对象或[放弃（U）]:

拾取其余过长的点画线，将其逐一缩短后，↙结束命令。

## 六、绘制正多边形

点击绘图工具栏中的"正多边形"图标◻，命令行提示：

输入边的数目<4>:（输入正多边形的边数，系统默认为"4"）5↙

指定正多边形的中心点或[边（E）]:

选项说明

● 指定正多边形的中心点　该选项为默认选项，表示用多边形中心确定多边形位置。

● 边（E）　若键入e↙，可根据正多边形的边长绘制正多边形。

根据图例，选用系统的默认选项，指定圆心为正五边形中心点，命令行提示：

输入选项[内接于圆（I）/外切于圆（C）]<I>: ↙（由图例知五边形与直径为 24 的圆

内接）

指定圆的半径：12✓

绘制完成的图形，如图 3-21 所示。

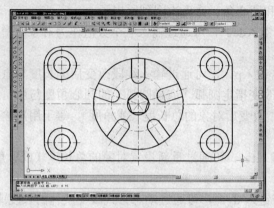

图 3-21　绘制完成的图形

仔细检查全图，确保图形无误。

由键盘输入 z✓，系统提示：

ZOOM

指定窗口角点，输入比例因子（nX 或 nXP），或

［全部（A）/中心点（C）/动态（D）/范围（E）/上一个（P）/比例（S）/窗口（W）/对象（O）］＜实时＞：a✓（执行全部缩放）

### 七、存储文件

点击"存储文件"图标🖫，在"图形另存为"对话框中的文件名输入框内输入文件名"02-含均布实体的平面图形"，点击 保存(S) 按钮存储文件。

# 第三节　花坛平面图的绘制

◆ 题目

按 1∶100 的比例绘制图 3-22 所示花坛平面图，不注尺寸。将所绘图形存盘，文件名为"03-花坛平面图"。

◆ 本题知识点

椭圆的画法、圆弧的画法，旋转命令的使用。

◆ 绘图前的准备

① 设置绘图单位：mm。

② 设置单位精度：0.00。

③ 设置图形界限：297 mm×210 mm，并在屏幕上全部显示图形界限。

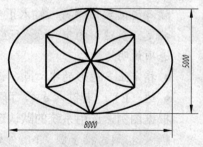

图 3-22　花坛平面图

**56**

④ 设置图层："1 粗实线"层，并将其设置为当前层。

⑤ 设置工具栏：开启"对象捕捉"工具栏，并将其置于"绘图"工具栏右侧。

⑥ 设置自动捕捉：点击"对象捕捉"工具栏最下方的"对象捕捉设置"按钮，在"草图设置"对话框中选择"对象捕捉"选项卡，勾选"启用对象捕捉"和"启用对象捕捉追踪"复选框，并在"对象捕捉模式"选项组中勾选端点、中点、圆心和交点四种常用的对象捕捉模式。

## 一、绘制椭圆

点击绘图工具栏中的"椭圆"图标，命令行提示：

指定椭圆的轴端点或[圆弧（A）/中心点（C）]：

选项说明

● 指定椭圆的轴端点　该选项为默认选项，表示用椭圆长轴（或短轴）上两端点确定椭圆位置。

● 圆弧（A）　若键入a✓，可以绘制椭圆弧；也可以直接单击绘图工具栏中的"椭圆弧"图标。

● 中心点（C）　若键入c✓，可以椭圆中心定位的方式画椭圆或椭圆弧。

本例采用"中心点"选项，键入c✓，命令行提示：

指定椭圆的中心点：（在屏幕中心指定一点）

指定轴的端点：@40，0✓（用相对坐标输入长轴的端点）

指定另一条半轴长度或[旋转（R）]：25✓

绘制出的椭圆，如图3-23所示。

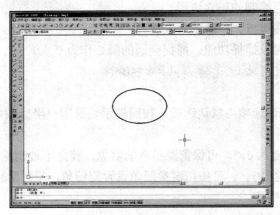

图3-23　绘制椭圆

提示：因绘图比例为1∶100，故键入尺寸时，要缩小100倍。

## 二、绘制正六边形

点击绘图工具栏中的"正多边形"图标，命令行提示：

输入边的数目<4>：（输入正多边形的边数，系统默认为"4"）6✓

指定正多边形的中心点或[边（E）]：（指定椭圆圆心为正六边形中心点）

命令行提示：

输入选项[内接于圆（I）/外切于圆（C）]<I>：↙（由图例知六边形与半径为 25 的圆内接）

指定圆的半径：25↙

绘制完成的图形，如图 3-24 所示。

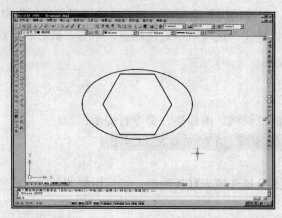

图 3-24　绘制正六边形

## 三、旋转

旋转的功能是将选定的实体绕一点（旋转中心）转过指定的角度。

点击修改工具栏中的"旋转"图标 ，命令行提示：

**UCS 当前的正角方向：ANGDIR=逆时针　ANGBASE=0**（提示当前用户坐标系的正角度方向为逆时针方向。ANGBASE 为系统默认参照角，取值范围在 0°～360°内。当输入负值时，系统默认为 360°减去该输入值；如果输入值大于 360°，系统默认为该值减去 360°）

**选择对象：**（拾取已绘制的正六边形）

**选择对象：**（点击右键或↙，结束对象选择）

**指定基点：**（利用对象捕捉功能，捕捉椭圆的圆心作为基点）

**指定旋转角度，或[复制（C）/参照（R）]<0>：**

选项说明

● 指定旋转角度　该选项为默认选项。按照提示当前用户坐标系角度方向，直接输入角度值，结束命令。

● 复制（C）　若键入 c↙，可保留源拾取的对象，使之不被删除。

● 参照（R）　若键入 r↙，可按指定参照角设置旋转角，即角度的起始边不是 X 轴正方向，而是用户输入的参照角。

本例选用系统的默认选项。

**指定旋转角度，或[复制（C）/参照（R）]<0>：** 90↙

旋转后的图形，如图 3-25 所示。

## 四、绘制圆弧

点击绘图工具栏中的"圆弧"图标 ，命令行提示：

**指定圆弧的起点或[圆心（C）]：**［拾取六边形的一个角点，如图 3-26（a）所示］

**指定圆弧的第二个点或[圆心（C）/端点（E）]：**

选项说明

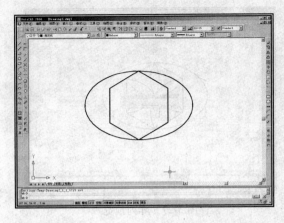

图 3-25    对象的旋转

- 指定圆弧的第二个点    该选项为默认选项。可用点的输入法，输入圆弧上的第二个点。
- 圆心（C）    若键入 c✓，可指定圆弧的圆心。
- 端点（E）    若键入 e✓，可指定圆弧的端点。

本例选用系统的默认选项，指定椭圆的圆心为圆弧上的第二个点。命令行继续提示：

**指定圆弧的端点：**（拾取六边形上与第一点不相邻的另一个角点）

绘制出的圆弧，如图 3-26（b）所示。

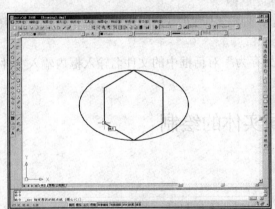
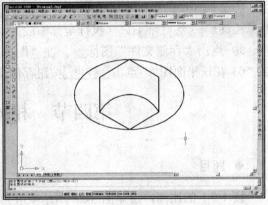

(a)                                                                                    (b)

图 3-26    绘制圆弧

## 五、阵列圆弧

点击修改工具栏中的"阵列"图标 ▦，弹出"阵列"设置对话框，在对话框的单选框中选择"环形阵列"选项。

点击"中心点"输入框右边的"拾取中心点"按钮 ▣，对话框暂时消失，命令行提示：

**指定阵列中心点：**（在绘图区直接拾取椭圆的圆心作为中心点，返回到阵列对话框）

在"项目总数"输入框中输入需要阵列的圆弧总数"6"。

点击右上方的"选择对象"图标 ▣，对话框暂时消失，命令行提示：

**选择对象：**（拾取圆弧，点击右键确认，返回到"阵列"对话框）

点击 预览(V) < 按钮，弹出"阵列预览"对话框，并在绘图区预览阵列结果，如图 3-27 所示。

从图 3-27 中可见，阵列符合要求，点击 接受 按钮，结束阵列操作。

*59*

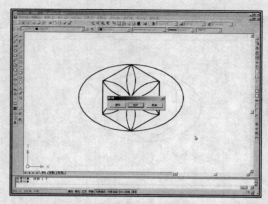

图 3-27　阵列预览

提示：如不符合要求，点击 修改 按钮，重新回到"阵列"对话框。

## 六、存储文件

① 仔细检查全图，确保图形无误。

② 由键盘输入 z✓，系统提示：

**ZOOM**

指定窗口角点，输入比例因子（nX 或 nXP），或

[全部（A）/中心点（C）/动态（D）/范围（E）/上一个（P）/比例（S）/窗口（W）/对象（O）] <实时>: a✓（执行全部缩放）

③ 点击"存储文件"图标，在"图形另存为"对话框中的文件名输入框内输入文件名"03-花坛平面图"，点击 保存(S) 按钮存储文件。

# 第四节　相同实体的绘制

## ◆ 题目

按 1∶1 的比例，绘制图 3-28 所示双五角星图形，不注尺寸。将所绘图形存盘，文件名为"04-双五角星"。

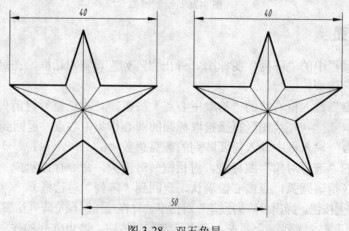

图 3-28　双五角星

**60**

◆ **本题知识点**

点的坐标输入，复制命令的使用。

◆ **绘图前的准备**

① 设置绘图单位：mm。

② 设置单位精度：0.00。

③ 设置图形界限：297 mm×210 mm，并在屏幕上全部显示图形界限。

④ 设置图层："1 粗实线"层，"2 细实线"层，并将"1 粗实线"层设置为当前层。

⑤ 设置工具栏：开启"对象捕捉"工具栏，并将其置于"绘图"工具栏右侧。

⑥ 设置自动捕捉：点击"对象捕捉"工具栏最下方的"对象捕捉设置"按钮 **n.**，在"草图设置"对话框中选择"对象捕捉"选项卡，勾选"启用对象捕捉"和"启用对象捕捉追踪"复选框，并在"对象捕捉模式"选项组中勾选端点、中点、圆心和交点四种常用的对象捕捉模式。

## 一、用橡皮筋输入法及相对极坐标绘制五角星

点击绘图工具栏中的"直线"图标 **∕**，命令行提示：

命令_line 指定第一点：（在绘图区适当位置拾取第 1 点）

指定下一点或[放弃（U）]：（开启"正交"方式，向右移动光标，拖动出橡皮筋）40↙（沿橡皮筋输入第 2 点）

指定下一点或[放弃（U）]：（关闭"正交"方式）@40<216↙（用相对极坐标输入第 3 点）

提示：五角星的五个角均为 36°。

指定下一点或[闭合（C）/放弃（U）]：@40<72↙（用相对极坐标输入第 4 点）

指定下一点或[闭合（C）/放弃（U）]：@40<288↙（用相对坐标输入第 5 点）

指定下一点或[闭合（C）/放弃（U）]：c↙（闭合图形）

绘制完成的五角星，如图 3-29（a）所示。

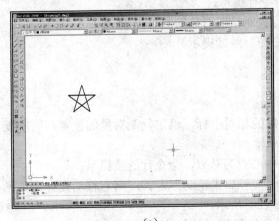
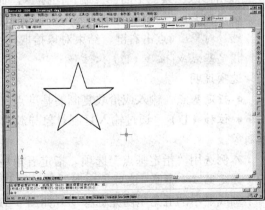

(a)             (b)

图 3-29 绘制五角星（一）

利用鼠标滚轮将图形放大。点击修改工具栏中的"修剪"图标 ，命令行提示：

选择对象或<全部选择>：✓（全部实体已被选中，十字光标变为拾取框）

选择要修剪的对象，或按住 Shift 键选择要延伸的对象，或

[栏选（F）/窗交（C）/投影（P）/边（E）/删除（R）/放弃（U）]：

逐一拾取五角星内部各线段，✓结束命令。

修剪后的图形，如图 3-29（b）所示。

将当前层设置为"2 细实线"层。

点击绘图工具栏中的"直线"图标 ，命令行提示：

命令_line 指定第一点：（拾取五角星最上角点）

指定下一点或[放弃（U）]：[拾取图 3-30（a）所示两线交点]✓（结束命令）

重复"直线"命令，绘制出另四条细实线，如图 3-30（b）所示。

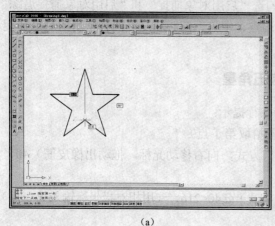

（a）

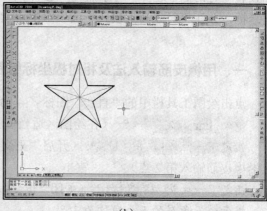

（b）

图 3-30　绘制五角星（二）

## 二、复制

复制的功能是绘制与源对象相同的图形。

点击修改工具栏中的"复制"图标 ，命令行提示：

选择对象：（拾取要复制的五角星，命令行提示拾取对象的数目为 15 个）

选择对象：（点击右键，结束对象拾取，命令行继续提示）

指定基点或[位移（D）]<位移>：

选项说明

● 指定基点　输入或拾取复制的基准点。

● 位移（D）　通过输入复制对象与源对象的相对坐标，确定复制对象的位置，同时复制对象。

本例选用"指定基点"选项，指定五角星中心点为基点，命令行继续提示：

指定第二个点或<使用第一个点作为位移>：（开启"正交"方式，向右移动光标，可见一个细线显示的五角星随光标移动）如图 3-31（a）所示。

键盘输入两五角星的中心距 50✓，完成对象的复制。命令行继续提示：

指定第二个点或[退出（E）/放弃（U）]<退出>：（此时仍可见细线显示的五角星随光标移动，如图 3-31（b）所示，表明可继续复制下一个）✓（结束命令）

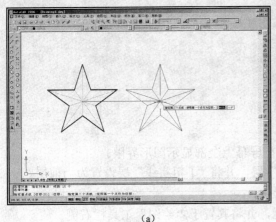
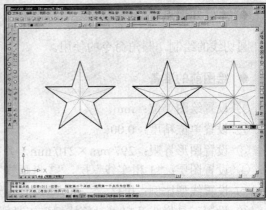

| (a) | (b) |

图 3-31　复制五角星

### 三、存储文件

① 仔细检查全图，确保图形无误。

② 由键盘输入 z↙，系统提示：

ZOOM

指定窗口角点，输入比例因子（nX 或 nXP），或

[全部（A）/中心点（C）/动态（D）/范围（E）/上一个（P）/比例（S）/窗口（W）/对象（O）]<实时>: a↙（执行全部缩放）

③ 点击"存储文件"图标 ▦，在"图形另存为"对话框中的文件名输入框内输入文件名"04-双五角星"，点击 保存(S) 按钮存储文件。

# 第五节　摇杆平面图的绘制

◈ 题目

按 1：1 的比例，绘制图 3-32 所示摇杆的平面图，不注尺寸。将所绘图形存盘，文件名为"05-摇杆平面图"。

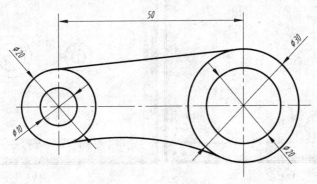

图 3-32　摇杆平面图

◆ **本题知识点**

圆切线的绘制，圆角命令的使用。

◆ **绘图前的准备**

① 设置绘图单位：mm。

② 设置单位精度：0.00。

③ 设置图形界限：297 mm×210 mm，并在屏幕上全部显示图形界限。

④ 设置图层："1 粗实线"层，"3 点画线"层，并将"1 粗实线"层设置为当前层。

⑤ 设置线型比例：0.33。

⑥ 设置工具栏：开启"对象捕捉"工具栏，并将其置于"绘图"工具栏右侧。

⑦ 设置自动捕捉：点击"对象捕捉"工具栏最下方的"对象捕捉设置"按钮，在"草图设置"对话框中选择"对象捕捉"选项卡，勾选"启用对象捕捉"和"启用对象捕捉追踪"复选框，并在"对象捕捉模式"选项组中勾选端点、中点、圆心和交点四种常用的对象捕捉模式。

## 一、绘制圆

（1）点击绘图工具栏中的"圆"图标，命令行提示：

指定圆的圆心或[三点（3P）/两点（2P）/相切、相切、半径（T）]：（用光标在适当位置指定圆心）命令行继续提示：

指定圆的半径或[直径（D）]<0.00>： 10✓（绘制出直径为 20 的圆）

（2）重复"圆"命令，拾取已绘的圆心，绘制出直径为 40 的圆。

绘制出的同心圆，如图 3-33（a）所示。

（3）重复"圆"命令，命令行提示：

指定圆的圆心或[三点（3P）/两点（2P）/相切、相切、半径（T）]：（捕捉已绘圆的圆心，待出现圆心标记后，向右移动光标，引出 0°追踪线）100✓

指定圆的半径或[直径（D）]<0.00>： 30✓（绘制出直径为 60 的圆）

（4）重复"圆"命令，拾取步骤（3）所绘圆的圆心，绘制出直径为 40 的圆。

绘制出的同心圆，如图 3-33（b）所示。

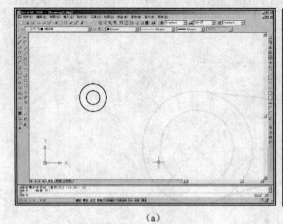

(a)

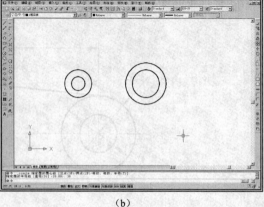

(b)

图 3-33 绘制圆

## 二、绘制切线

点击绘图工具栏中的"直线"图标 ∕，命令行提示：

指定第一点：（点击"对象捕捉"工具栏中的"捕捉到切点"图标 ○，移动光标至圆的切点附近，待出现"递延切点"标记后，单击左键）

移动光标，可拖动出与圆相切的橡皮筋，如图3-34（a）所示。

指定下一点或[放弃（U）]：（再次点击"对象捕捉"工具栏中的"捕捉到切点"图标 ○，移动光标至右侧圆的切点附近，待出现"递延切点"标记后，单击左键）∕（结束命令）

绘制出的两圆公切线，如图3-34（b）所示。

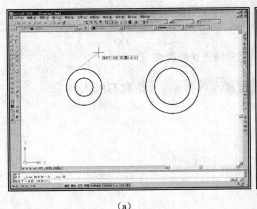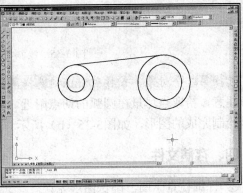

(a)                                    (b)

图 3-34 绘制切线

## 三、圆角

圆角命令的功能是用已知半径的圆弧，将选定的两对象（直线、构造线、圆、椭圆等），光滑地连接起来。也可用该命令求两直线段的交点。

点击修改工具栏中的"圆角"图标 ，命令行提示：

当前设置：模式=修剪，半径=0.00（提示当前修剪模式和圆角半径）

选择第一个对象或[放弃（U）/多段线（P）/半径（R）/修剪（T）/多个（M）]：

选项说明

● 选择第一个对象　该选项为默认选项，当命令窗口显示的当前设置修剪模式和圆角半径正好是所需要的，就可以直接拾取第一个实体对象，再拾取第二条直线，画出圆角。

● 多段线（P）　若键入p∕，可对二维多段线、矩形和正多边形的多个圆角，同时进行光滑连接，以提高绘图速度。

● 半径（R）　若键入r∕，可重新设置圆角半径。当命令窗口提示中的R数值不符合用户要求时，用户选择该选项重新设置新的圆角半径。

● 修剪（T）　若键入t∕，可重新设置两条被拾取线段是否修剪。

● 多个（M）　若键入m∕，可连续进行多个圆角的操作。

● 放弃（U）　若键入u∕，则是放弃刚刚进行的操作。

本例需重新设置圆角半径，在命令行输入"r∕"，命令行继续提示：

指定圆角半径<0.00>：75∕

选择第一个对象或[放弃（U）/多段线（P）/半径（R）/修剪（T）/多个（M）]：（此时十字光标变为拾取框，拾取左侧大圆）

注意，拾取点尽量在圆弧的切点附近，如图3-35（a）所示。

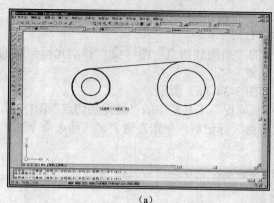 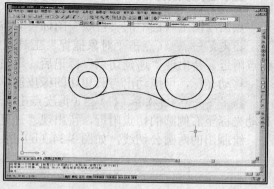

（a）　　　　　　　　　　　　　　　　　　　（b）

图 3-35　绘制与两已知圆外切的圆弧

选择第二个对象，或按住Shift键选择要应用角点的对象：（拾取右侧大圆）

注意，拾取点尽量在圆弧的切点附近。

绘制完成的图形，如图3-35（b）所示。

## 四、存储文件

① 仔细检查全图，确保图形无误。

② 由键盘输入 z↙，系统提示：

ZOOM

指定窗口角点，输入比例因子（nX 或 nXP），或

［全部（A）/中心点（C）/动态（D）/范围（E）/上一个（P）/比例（S）/窗口（W）/对象（O）］＜实时＞：a↙（执行全部缩放）

③ 点击"存储文件"图标🖫，在"图形另存为"对话框中的文件名输入框内输入文件名"05-摇杆"，点击 保存(S) 按钮存储文件。

# 练习题（三）

① 按 1∶1 比例，绘制题图 3-1、题图 3-2 所示图形，不标注尺寸。

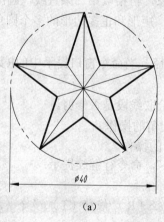

（a）

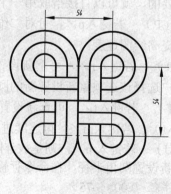

（b）

题图 3-1

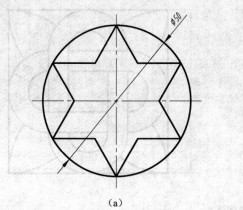

（a）

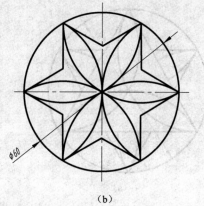

（b）

题图 3-2

② 按 1：10 比例，绘制题图 3-3 所示图形，不注尺寸。

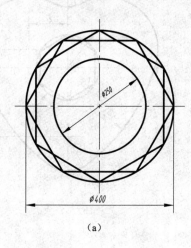

（a）

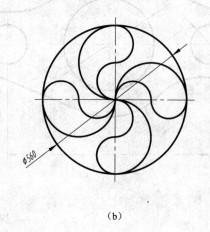

（b）

题图 3-3

③ 按 1：1 比例，绘制题图 3-4、题图 3-5、题图 3-6 所示图形，不标注尺寸。

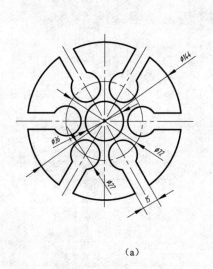

（a）

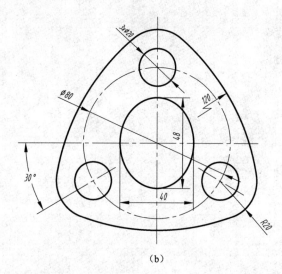

（b）

题图 3-4

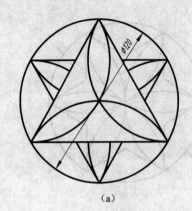

(a)

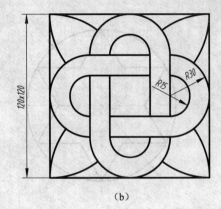

(b)

题图 3-5

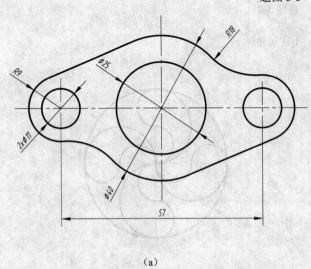

(a)

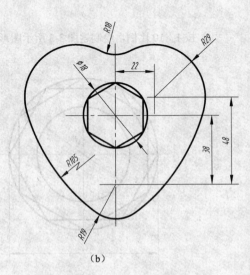

(b)

题图 3-6

# 第四章　绘制平面图形

**本章要点**　通过完成工业产品类和土木与建筑类 CAD 技能一级考试模拟题的实际操作，进一步熟练掌握常用绘图命令的使用方法；常用编辑与修改图形的方法；掌握常用的尺寸标注方法；能够正确抄画平面图形并标注尺寸。

绘制平面图形即根据题目要求，按照一定的比例抄画平面图形，并标注尺寸。本章以《CAD 技能等级考评大纲》为依据，以工业产品类和土木与建筑类 CAD 技能一级考试模拟题为范例，介绍绘制平面图形的方法步骤和操作技巧。

## 第一节　工业产品类 CAD 技能一级模拟题的绘制（一）

◆ **题目**

按 1∶1 的比例，绘制图 4-1 所示的平面图形，并标注尺寸。

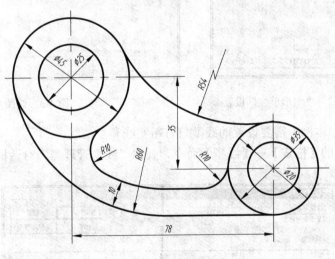

图 4-1　平面图形图例

◆ **本题知识点**

用相切、相切、半径方式绘制圆，偏移命令的使用，常用的尺寸标注的方法（线性标注、对齐标注、半径标注、折弯标注、直径标注），尺寸替代的方法。

◆ **绘图前的准备**

① 设置图形单位：点击主菜单中的【格式】→【单位】命令，系统打开"图形单位"对话框。在该对话框中的参数设置，如图 4-2 所示。点击 ⬛确定 按钮返回到 AutoCAD 绘图界面，完成图形单位的设置。

② 设置图形界限：点击主菜单中的【格式】→【图形界限】命令，命令行提示：

命令：limits

重新设置模型空间界限指定左下角点或［开（ON）/关（OFF）］<0.00，0.00>：✓

指定右上角点<420.00，297.00>：150，100✓

键入命令：z✓

命令行提示：

ZOOM

指定窗口角点，输入比例因子（nX 或 nXP），或

［全部（A）/中心点（C）/动态（D）/范围（E）/上一个（P）/比例（S）/窗口（W）］

<实时>: a✓

正在重生成模型

开启栅格后的绘图界面，如图 4-3 所示。

图 4-2　"图形单位"设置

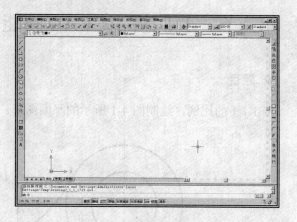

图 4-3　绘图界面

③ 设置线型：本例中需要设置的线型只有粗实线和点画线。

点击菜单栏中的【格式】→【线型】命令，弹出"线型管理器"对话框，如图 4-4 所示。

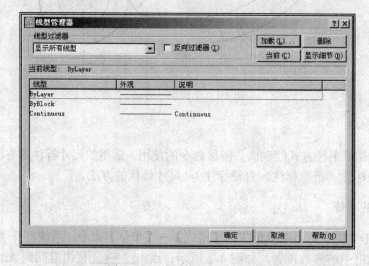

图 4-4　"线型管理器"对话框

**70**

点击 加载(L)... 按钮，弹出"加载或重载线型"对话框，如图 4-5 所示。选择"CENTER"，点击 确定 按钮，返回"线型管理器"对话框。此时"线型管理器"对话框如图 4-6 所示，在列表中显示了刚刚加载的线型。点击 显示细节(D) 按钮，将对话框下部的"全局比例因子"修改为"0.33"，点击 确定 按钮，返回 AutoCAD 绘图界面，完成线型设置。

图 4-5　"加载或重载线型"对话框

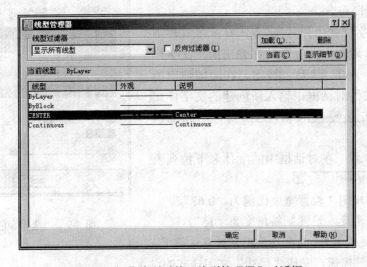

图 4-6　加载线型后的"线型管理器"对话框

　　如果需要加载其他线型，可在"加载或重载线型"对话框中寻找，加载方法与以上所述相同。
　　④ 设置图层：点击图层工具栏中的"图层特性管理器"图标 ，在弹出的"图层特性管理器"对话框中，点击"新建图层"按钮 ，对话框的图层列表中显示一个名为"图层 1"的图层，将它修改为"1 粗实线"。单击该层的线宽框，在弹出的"线宽"对话框中，选择线宽为"0.7"，如图 4-7 所示。
　　继续点击"新建图层"按钮 ，创建图层"3 点画线"。单击该图层的线型名称 Continuous，在弹出的"选择线型"对话框中，选择"CENTER"，如图 4-8 所示。点击 确定 按钮，返回到"图层特性管理器"对话框。单击该图层的颜色框，在弹出的"选择颜色"对话框中选择红色，如图 4-9 所示。点击 确定 按钮，返回到"图层特性管理器"对话框。单击该图层的线宽框，在弹出的"线宽"对话框中选择"0.35"，点击 确定 按钮，返回到"图层特性管理器"对话框。

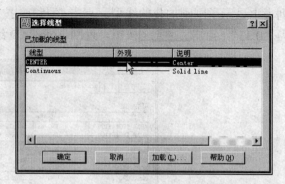

图 4-7 "线宽"对话框　　　　　　　　　　图 4-8 "选择线型"对话框

重复上述操作，设置一个"5 尺寸"层，该层的线型为 Continuous，颜色为绿色，线宽为"0.35"。

由于图例只有粗实线、点画线和尺寸标注，故只需新建三个图层即可。

⑤ 设置文字样式"尺寸"：点击样式工具栏中的"文字样式管理器"图标，在弹出的"文字样式"对话框中，点击 新建(N)... 按钮，在随即弹出的"新建文字样式"对话框中输入新创建的文字样式名"尺寸"。点击 确定 按钮，返回到"文字样式"对话框。

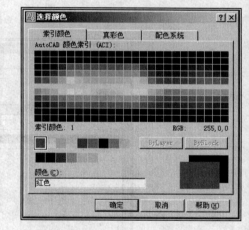

● 选择字体名　在对话框中的字体名下拉列表框中，选择 isocp.shx 。

● 设置宽度比例　设置宽度比例为"0.67"。

● 设置倾斜角度　设置倾斜角度为"15"。

图 4-9 "选择颜色"对话框

提示：除上述设置外，其余均采用系统默认设置。

点击 应用(A) 按钮，完成"尺寸"文字样式的设置。

⑥ 设置标注样式"GB"：点击样式工具栏中的"标注样式管理器"图标，在弹出的"标注样式管理器"对话框中，点击 新建(N)... 按钮，弹出"创建新标注样式"对话框，在新样式名编辑框中输入"GB"。

点击 继续 按钮，弹出"新建标注样式：GB"对话框。

● 点击直线选项卡　将尺寸界线超出尺寸线的数值修改为"2"，起点偏移量修改为"0"。

● 点击符号和箭头选项卡　将箭头大小修改为"3.5"，折弯角度修改为"30"。

● 点击文字选项卡　选择文字样式为【例 2-1】中设置的"尺寸"样式，设置文字高度为"3.5"。

● 点击调整选项卡　选择调整选项为"文字和箭头"，勾选右下方的"手动放置文字"复选框。

● 点击主单位选项卡　在精度列表框中选择精度为"0"。

提示：除上述设置外，其余均采用系统默认设置。

点击 确定 按钮，返回到"标注样式管理器"对话框，点击 置为当前(U) 按钮，将新建的尺寸标注样式设为当前标注样式。点击 关闭 按钮，返回绘图界面。

⑦ 设置工具栏：在任意工具栏上点击右键，在弹出的工具栏快捷菜单中，选择"对象捕捉"、"标注"，使其显示在界面上，并将其拖动到合适位置。

建议：将"对象捕捉"工具栏，立于"绘图"工具栏右侧，将"标注"工具栏置于"图层"工具栏下方，如图4-10所示。

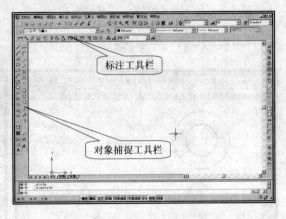

图4-10　工具栏的位置

⑧ 设置自动捕捉：点击"对象捕捉"工具栏最下方的"对象捕捉设置"按钮 ，在"草图设置"对话框中选择"对象捕捉"选项卡，勾选"启用对象捕捉"和"启用对象捕捉追踪"复选框，并在"对象捕捉模式"选项组中勾选端点、中点、圆心和交点四种常用的对象捕捉模式。

⑨ 保存文件：点击标准工具栏中的"保存"图标 ，弹出"另存文件"对话框。在"另存文件"对话框中的文件名输入框内输入一个文件名，点击 保存(S) 按钮。

绘图准备工作做好之后，即可着手画图了。

## 一、绘制两组同心圆

因为所绘图形为粗实线，故选择当前层为"1粗实线"层。

### 1. 绘制左上部同心圆

点击绘图工具栏中的"圆"图标 ，命令行提示：

命令：circle 指定圆的圆心或[三点（3P）/两点（2P）/相切、相切、半径（T）]：（在屏幕上的适当位置指定"圆心点"）

指定圆的半径或[直径（D）]：d✓

指定圆的直径：45✓（结束命令）

重复"圆"命令，命令行提示：

命令：circle 指定圆的圆心或[三点（3P）/两点（2P）/相切、相切、半径（T）]：（捕捉前一个圆的圆心，单击左键）

指定圆的半径或[直径（D）]：d✓

指定圆的直径：25✓（结束命令）

画出的两个同心圆，如图4-11（a）所示。

### 2. 绘制右下部同心圆

重复"圆"命令，命令行提示：

命令：circle 指定圆的圆心或[三点（3P）/两点（2P）/相切、相切、半径（T）]：@78，-35✓(用相对直角坐标，输入右下部同心圆的圆心)

指定圆的半径或[直径（D）]：d✓

指定圆的直径：35✓（结束命令）

重复"圆"命令，绘制 φ20 圆。

画出的同心圆，如图4-11（b）所示。

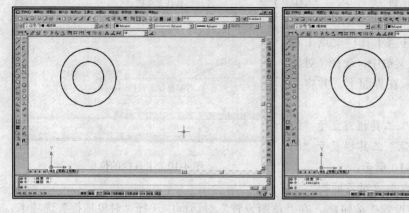
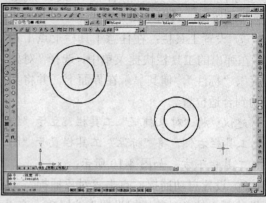

（a） （b）

图4-11　绘制两组同心圆

### 3. 绘制圆的中心线

点击图层工具栏中的"图层选择及操作"下拉列表框右侧的下拉箭头▼，在弹出的图层列表中，选择"3点画线"层，将其设置为当前层。

点击绘图工具栏中的"直线"图标✎，命令行提示：

命令: line 指定第一点: （捕捉圆心点，向左或向右移动光标，拉出一条由点构成的180°或 0°追踪线，光标后的矩形框内，即时显示当前点到捕捉点的极径与极角，如图 4-12（a）所示）

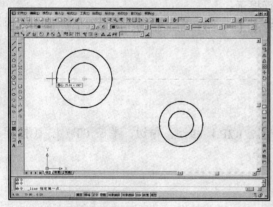
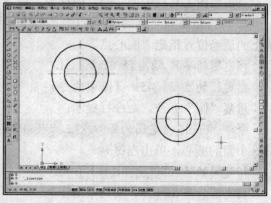

（a） （b）

图4-12　绘制圆的中心线

在圆左侧的适当位置指定中心线的起点，命令行提示：

指定下一点或［放弃（U）］: （按下状态栏中部的正交按钮，打开"正交"模式，鼠标向右移动，拉出水平中心线，在适当位置指定中心线的端点）

指定下一点或［放弃（U）］: ↙（结束命令）

重复"直线"命令，利用追踪线，绘制出所有中心线，如图4-12（b）所示。

## 二、绘制水平直线与 *R*60 圆弧

### 1. 绘制水平直线

选择"1 粗实线"层为当前层。

点击绘图工具栏中的"直线"图标 ◢，命令行提示：

<u>指定第一点：</u>（点击对象捕捉工具栏中的"捕捉到象限点"图标 ⊕，临时捕捉 $\phi$35 圆的270°象限点作为第一点）

<u>指定下一点或［放弃（U）］：</u>（向左移动光标，任意指定下一点）

<u>指定下一点或［放弃（U）］：</u> ✓（结束命令）

绘制一条任意长的水平线，如图 4-13（a）所示。

### 2. 绘制 *R*60 圆弧

点击绘图工具栏中的"圆"图标 ◯，命令行提示：

<u>指定圆的圆心或[三点（3P）/两点（2P）/相切、相切、半径（T）]:</u> t✓

<u>指定对象与圆的第一个切点：</u>（点击对象捕捉工具栏中的"捕捉到切点"图标 ◯，移动光标至水平直线的切点附近指定一点）

<u>指定对象与圆的第二个切点：</u>（利用临时捕捉切点模式，用光标移动光标至 $\phi$45 圆的切点附近指定另一点）

<u>指定圆的半径：</u> 60✓

绘制出的圆，如图 4-13（b）所示。

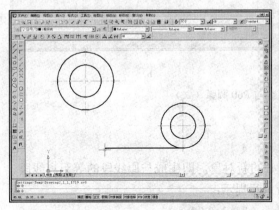 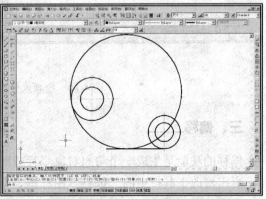

(a)　　　　　　　　　　　　　　　　　(b)

图 4-13　绘制水平直线与 *R*60 圆弧（一）

### 3. 修剪多余图线

点击修改工具栏中的"修剪"图标 ⊢，命令行提示：

<u>当前设置：投影=UCS，边=无</u>

<u>选择剪切边…</u>

<u>选择对象或<全部选择>：</u>（拾取 $\phi$45 圆作为剪切边）

<u>选择对象或<全部选择>：找到 1 个</u>

<u>选择对象：</u>（继续拾取 *R*60 圆弧作为剪切边）

选择对象: 找到 1 个, 总计 2 个

选择对象: (继续拾取下部直线作为剪切边)

选择对象: 找到 1 个, 总计 3 个

选择对象: (点击右键确认拾取)

选择要修剪的对象, 或按住 Shift 键选择要延伸的对象, 或

[栏选 (F) /窗交 (C) /投影 (P) /边 (E) /删除 (R) /放弃 (U) ]: (用光标拾取 *R*60 圆弧的上部线段)

修剪圆弧后的图形, 如图 4-14 (a) 所示。

选择要修剪的对象, 或按住 Shift 键选择要延伸的对象, 或

[栏选 (F) /窗交 (C) /投影 (P) /边 (E) /删除 (R) /放弃 (U) ]: (用光标拾取水平直线的左端)

修剪直线后的图形, 如图 4-14 (b) 所示。

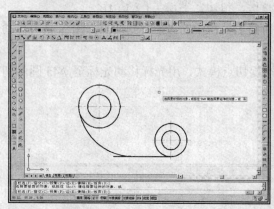
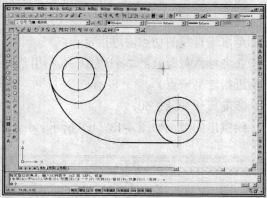

(a)               (b)

图 4-14　绘制水平直线与 *R*60 圆弧 (二)

### 三、偏移

偏移的功能是生成一个与原对象平行或同心的新对象, 即生成与原线段的等距离线段。

点击修改工具栏中的 "偏移" 图标 , 命令行提示:

指定偏移距离或[通过 (T) /删除 (E) /图层 (L) ]<0.00>:

选项说明

● 指定偏移距离　该选项为默认选项。可以用键盘或光标指定距离。

● 通过 (T)　若键入 t↙, 则通过指定某一点, 绘制与某条线段等距的线段。

● 删除 (E)　若键入 e↙, 则删除源对象。

● 图层 (L)　若键入 l↙, 可以确定通过偏移而生成的对象是在源对象图层, 还是在当前图层。

本例采用系统的默认选项。

指定偏移距离或[通过 (T) /删除 (E) /图层 (L) ]<0.00>: 10↙

选择要偏移的对象, 或[退出 (E) /放弃 (U) ]<退出>: (拾取水平直线为偏移对象)

指定要偏移的那一侧上的点，或[退出（E）/多个（M）/放弃（U）]<退出>：（在水平直线上方任意位置拾取一点，完成一条偏移线的绘制）

绘制出的一条偏移线，如图4-15（a）所示。

选择要偏移的对象，或[退出（E）/放弃（U）]<退出>：（拾取圆弧为偏移对象）

指定要偏移的那一侧上的点，或[退出（E）/多个（M）/放弃（U）]<退出>：（在圆弧上方任意位置拾取一点，完成另一条偏移线的绘制）

选择要偏移的对象，或[退出（E）/放弃（U）]<退出>：✓（结束命令）

绘制完成的图形，如图4-15（b）所示。

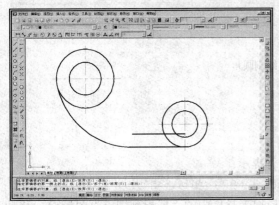
（a）

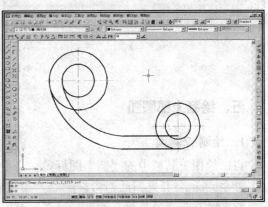
（b）

图4-15　偏移

## 四、绘制圆角

点击修改工具栏中的"圆角"图标，命令行提示：

当前设置：模式=修剪，半径=0.00（提示当前为修剪模式，圆角半径为0）

选择第一个对象或[放弃（U）/多段线（P）/半径（R）/修剪（T）/多个（M）]：r✓

指定圆角半径<0.00>：10✓

选择第一个对象或[放弃（U）/多段线（P）/半径（R）/修剪（T）/多个（M）]：（此时十字光标变为拾取框，拾取偏移生成的圆弧）

选择第二个对象，或按住Shift键选择要应用角点的对象：（拾取左上部大圆）

绘制圆角后的图形，如图4-16（a）所示。

重复"圆角"命令，命令行提示：

当前设置：模式=修剪，半径=10.00（提示当前为修剪模式，圆角半径为10）

选择第一个对象或[放弃（U）/多段线（P）/半径（R）/修剪（T）/多个（M）]：（此时不需再设圆角半径，直接拾取偏移生成的水平直线）

选择第二个对象，或按住Shift键选择要应用角点的对象：（拾取右下部大圆）

绘制完成的图形，如图4-16（b）所示。

提示：绘制圆角时，拾取点的位置直接影响圆角的弯曲方向，应注意将点拾取在圆角的圆心侧。

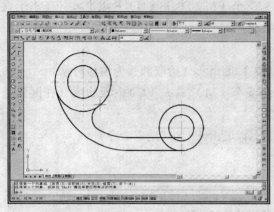 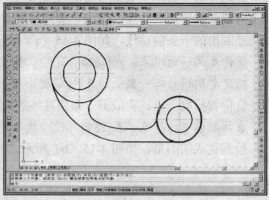

(a)　　　　　　　　　　　　　　　(b)

图 4-16　绘制圆角

## 五、绘制上部圆弧

### 1. 绘制 *R*54 圆

点击绘图工具栏中的"圆"图标◎，命令行提示：

命令：circle 指定圆的圆心或[三点（3P）/两点（2P）/相切、相切、半径（T）]：t↙

指定对象与圆的第一个切点：（点击对象捕捉工具栏中的"捕捉到切点"图标○，移动光标至 φ45 圆切点附近指定一点）

指定对象与圆的第二个切点：（点击对象捕捉工具栏中的"捕捉到切点"图标○，移动光标至 φ35 圆切点附近指定一点）

指定圆的半径：54↙

绘制出圆，如图 4-17（a）所示。

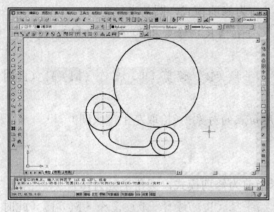 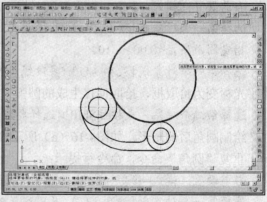

(a)　　　　　　　　　　　　　　　(b)

图 4-17　绘制上部圆弧

### 2. 整理图形

点击修改工具栏中的"修剪"图标，命令行提示：

当前设置：投影=UCS，边=无

选择剪切边…

选择对象或<全部选择>：✓（将图中的所有对象均选为剪切边，省去逐一选择的麻烦）

选择要修剪的对象，或按住 Shift 键选择要延伸的对象，或

[栏选（F）/窗交（C）/投影（P）/边（E）/删除（R）/放弃（U）]：[如图 4-17（b）所示，拾取圆的多余部分，完成图形绘制]

选择要修剪的对象，或按住 Shift 键选择要延伸的对象，或

[栏选（F）/窗交（C）/投影（P）/边（E）/删除（R）/放弃（U）]：✓

## 六、尺寸标注

### 1. 线性标注

线性标注用来标注水平、垂直和倾斜的线性尺寸。

选择"5 尺寸"层为当前层。

点击标注工具栏中的"线性"图标，命令行提示：

指定第一条尺寸界线原点或<选择对象>：（拾取左侧竖直中心线）

指定第二条尺寸界线原点：（拾取右侧竖直中心线）

指定第二条尺寸界线原点：指定尺寸线位置或

[多行文字（M）/文字（T）/角度（A）/水平（H）/垂直（V）/旋转（R）]：（拖动尺寸线至适当位置，单击左键）

注出圆的水平中心距，如图 4-18（a）所示。

重复上述操作，注出其他线性尺寸。

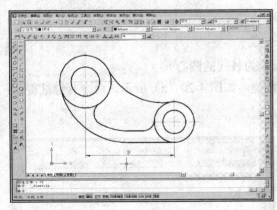

(a)

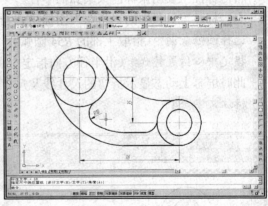

(b)

图 4-18　标注尺寸（一）

### 2. 半径标注

半径标注用来标注圆或圆弧的半径尺寸。

点击标注工具栏中的"半径"图标，命令行提示：

选择圆弧或圆：（拾取 R10 圆弧）

标注文字=10

指定尺寸线位置或[多行文字（M）/文字（T）/角度（A）]: （拖动尺寸线至适当位置，单击左键）

注出的半径尺寸，如图4-18（b）所示。

重复"半径"命令，注出其他半径尺寸，如图4-19（a）所示。从图中看出，R60尺寸线过长，要将其修改成图例的形式，可进行如下操作。

用光标选中该尺寸后点击右键，在弹出的快捷菜单中选择【标注文字位置】→【与引线一起移动】命令，如图4-19（b）所示。移动光标至适当位置后，单击左键即可。

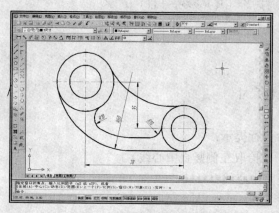

(a)

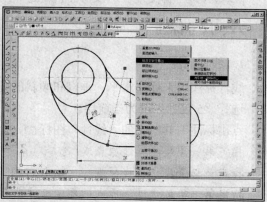

(b)

图4-19 标注尺寸（二）

### 3. 折弯标注

折弯标注主要用来标注大圆弧的半径。

点击标注工具栏中的"折弯"图标，命令行提示：

选择圆弧或圆: （拾取上部的R54圆弧）

指定中心位置替代: （沿半径方向指定一点作为替代的圆心）

此时屏幕上动态显示折弯的尺寸线及尺寸数值，如图4-20（a）所示。命令行继续提示：

标注文字=54

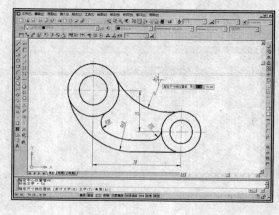

(a)

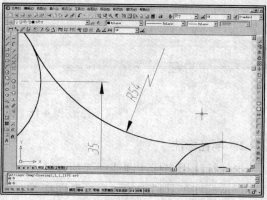

(b)

图4-20 标注尺寸（三）

指定尺寸线位置或[多行文字（M）/文字（T）/角度（A）]：（移动光标至合适位置后单击左键，确定尺寸线及尺寸数值的位置）

指定折弯位置：（移动光标至合适位置后单击左键，指定弯折的位置）

标注完成后，如图4-20（b）所示。

### 4. 直径标注

直径标注用来标注圆或圆弧的直径尺寸。

点击标注工具栏中的"直径"图标，命令行提示：

选择圆或圆弧：（拾取左上部大圆）

标注文字=45

尺寸线位置或[多行文字（M）/文字（T）/角度（A）]：（拖动尺寸线至适当位置，单击左键）

注出的圆直径尺寸，如图4-21（a）所示。

重复"直径"命令，注出其他直径尺寸，如图4-21（b）所示。

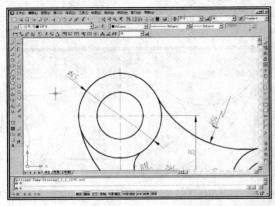
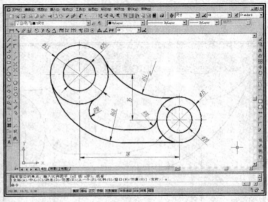

（a）　　　　　　　　　　　（b）

图4-21　标注尺寸（四）

### 5. 尺寸替代

尺寸替代用来临时修改尺寸标注某些设置，而不改动整个尺寸标注样式。

点击样式工具栏中的"标注样式管理器"图标，在弹出的"标注样式管理器"对话框中，点击 替代（O）… 按钮，在弹出的"替代当前样式"对话框中，点击"直线"选项卡，选择隐藏尺寸界线，如图4-22所示。

点击 确定 按钮，返回到"标注样式管理器"对话框，点击 关闭 按钮，返回绘图界面。

此时再标注尺寸，则自动隐藏尺寸界线。

### 6. 对齐标注

对齐标注用来标注带有倾斜尺寸线的尺寸。

点击标注工具栏中的"对齐"图标，命令行提示：

指定第一条尺寸界线原点或<选择对象>：[点击对象捕捉工具栏中的"捕捉到最近点"图标，移动光标至 R60 圆弧上指定一点，如图4-23（a）所示]

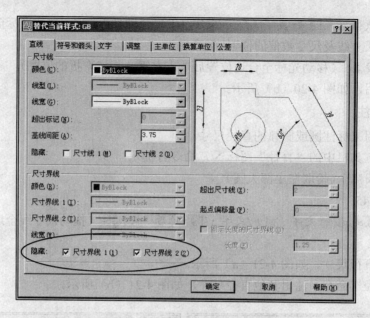

图4-22 "替代当前样式"对话框

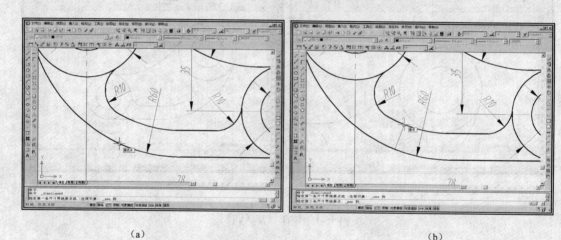

（a）　　　　　　　　　　　　　　（b）

图4-23 对齐标注（一）

**指定第二条尺寸界线原点**：[点击对象捕捉工具栏中的"捕捉到垂足"图标⊥，在偏移生成的圆弧上拾取垂足点，如图4-23（b）所示]

**指定尺寸线位置或**

**[多行文字（M）/文字（T）/角度（A）]**：（拖动尺寸线至适当位置，单击左键）

提示：用"尺寸替代"和"对齐"方式标注的尺寸，如图4-24所示。从图中可见，该尺寸无尺寸界线。此时如继续标注尺寸，均无尺寸界线。如要恢复原设置，使继续标注的尺寸显示尺寸界线，需在"标注"工具栏或"样式"工具栏中，重新选择当前标注样式。

## 七、存储文件

### 1. 范围缩放

检查全图确认无误后，键入命令：z✓

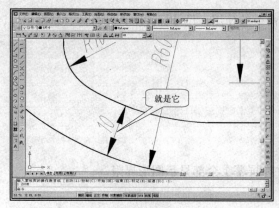

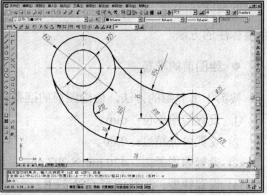

图 4-24　对齐标注（二）　　　　　　　　图 4-25　范围缩放后的图形

[ 全部（A）/中心点（C）/动态（D）/范围（E）/上一个（P）/比例（S）/窗口（W）]

<实时>: e↙

所绘图形充满屏幕，如图 4-25 所示。

**2. 存储文件**

点击标准工具栏中的"保存"图标🖫，存储文件。

# 第二节　工业产品类 CAD 技能一级模拟题的绘制（二）

◆ 题目

按 1:4 的比例绘制图 4-26 所示图形，并标注尺寸。

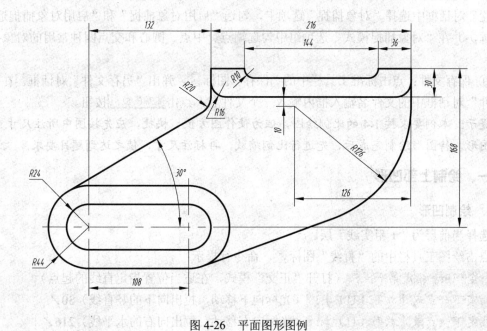

图 4-26　平面图形图例

◆ **本题知识点**

多段线的绘制，移动、延伸、比例缩放等命令的使用，尺寸标注中连续标注、基准标注、角度标注的方法。

◆ **绘图前的准备**

按第 1 节介绍的方法，做绘图前的准备。

① 设置绘图单位：mm。

② 设置单位精度：0.00。

③ 设置图形界限：420 mm×297 mm，并在屏幕上全部显示图形界限。

④ 设置线型：加载线型 CENTER。

⑤ 设置线型比例：0.33。

⑥ 设置图层："1 粗实线"层，"3 点画线"层，"5 尺寸"层。

⑦ 设置文字样式"尺寸"：选择字体名 isocp.shx ，设置宽度比例为"0.67"，设置倾斜角度为"15"。

⑧ 设置标注样式"GB"：在"直线"选项卡中，设置基线间距为"7"，将尺寸界线超出尺寸线的数值修改为"2"，起点偏移量修改为"0"；在"符号和箭头"选项卡中，将箭头大小修改为"3.5"；在"文字"选项卡中，选择文字样式为新设置的"尺寸"样式，设置文字高度为"3.5"；在"调整"选项卡中，选择调整选项为"文字和箭头"，勾选右下方的"手动放置文字"复选框；在"主单位"选项卡中的精度列表框中，选择精度为"0"，在测量单位比例因子列表框中，修改比例因子为"4"。

将设置的标注样式置为当前。

⑨ 设置工具栏：开启"对象捕捉"、"标注"工具栏，并将其拖动到合适位置。

⑩ 设置自动捕捉：点击"对象捕捉"工具栏最下方的"对象捕捉设置"按钮 ，在"草图设置"对话框中选择"对象捕捉"选项卡，勾选"启用对象捕捉"和"启用对象捕捉追踪"复选框，并在"对象捕捉模式"选项组中勾选端点、中点、圆心和交点四种常用的对象捕捉模式。

⑪ 保存文件：点击标准工具栏中的"保存"图标 ，弹出"另存文件"对话框。在"另存文件"对话框中的文件名输入框内输入一个文件名，点击 保存(S) 按钮。

提示：本例要求按 1:4 的比例绘图，但为使作图方便、快捷，应先按图中所注尺寸 1：1 绘制图形。待图形绘制完成后，先进行比例缩放，再标注尺寸，使之达到题目要求。

## 一、绘制上部凹形

### 1. 绘制凹形

选择当前层为"1 粗实线"层。

点击绘图工具栏中的"直线"图标 ，命令行提示：

命令：line 指定第一点： （打开"正交"模式，在适当位置指定直线的起点）

指定下一点或［放弃（U）］： （光标向下移动，拉出向下的竖直线）30↙

指定下一点或［放弃（U）］： （光标向右移动，拉出向右的水平线）216↙

指定下一点或［闭合（C）/放弃（U）］： （光标向上移动，拉出向上的竖直线）
30↙

指定下一点或［闭合（C）/放弃（U）］： （光标向左移动，拉出向左的水平线）36↙

指定下一点或［闭合（C）/放弃（U）］： （光标向下移动，拉出向下的竖直线）10↙

指定下一点或［闭合（C）/放弃（U）］： （光标向左移动，拉出向左的水平线）
144↙

指定下一点或［闭合（C）/放弃（U）］： （光标向上移动，拉出向上的竖直线）10↙

指定下一点或［闭合（C）/放弃（U）］：c↙ （结束命令）

绘制出的图形，如图4-27（a）所示。

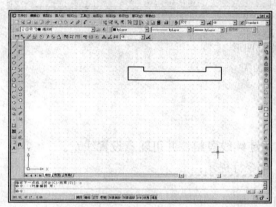 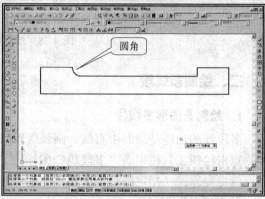

(a)　　　　　　　　　　　　　　　　　　(b)

图4-27　绘制上部凹形（一）

## 2. 绘制圆角

点击修改工具栏中的"圆角"图标，命令行提示：

当前设置：模式=修剪，半径=0.00（提示当前修剪模式和圆角半径）

选择第一个对象或[放弃（U）/多段线（P）/半径（R）/修剪（T）/多个（M）]：r↙

指定圆角半径<0.00>：10↙

选择第一个对象或[放弃（U）/多段线（P）/半径（R）/修剪（T）/多个（M）]：m↙

选择第一个对象或[放弃（U）/多段线（P）/半径（R）/修剪（T）/多个（M）]： （用
智能鼠标将图形动态平移并放大，拾取长度为10的竖直线）

选择第二个对象或按住 Shift 键选择要应用角点的对象： （拾取长度为 144 的水平线）

绘制出的第一个圆角，如图 4-27（b）所示。

选择第一个对象或[放弃（U）/多段线（P）/半径（R）/修剪（T）/多个（M）]： （拾取
另一长度为10的竖直线）

选择第二个对象或按住 Shift 键选择要应用角点的对象： （拾取长度为 144 的水平线后，
↙结束命令）

绘制出另一个 $R10$ 圆角，如图 4-28（a）所示。

重复"圆角"命令，指定圆角半径为 16，采用同样的方法，绘制出两个 $R16$ 圆角，如图
4-28（b）所示。

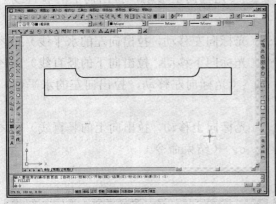
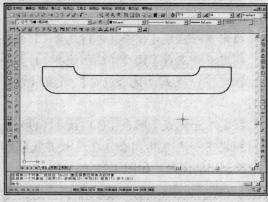

(a)                                                 (b)

图 4-28　绘制上部凹形（二）

## 二、绘制多线段

### 1. 绘制长圆形多线段

多段线的功能是绘制由直线、圆弧等组成的连续线段组，并可随意设置线宽。

点击绘图工具栏中的"多段线"图标 ⏄，命令行提示：

指定起点：（指定凹形左上角点为起点）

当前线宽为 0.00

指定下一个点或[圆弧（A）/半宽（H）/长度（L）/放弃（U）/宽度（W）]：

选项说明

- 指定下一个点　该选项为默认选项。指定多段线的下一点，生成一段直线。
- 圆弧（A）　若键入 a↙，可以由绘制直线方式转为绘制圆弧方式，且绘制的圆弧与上一线段相切。
- 半宽（H）　若键入 h↙，可以指定下一线段宽度的一半。
- 长度（L）　若键入 l↙，可以将上一直线段延伸指定的长度。
- 宽度（W）　若键入 w↙，可以指定下一线段的宽度。

本例采用系统的默认选项。

指定下一个点或[圆弧（A）/半宽（H）/长度（L）/放弃（U）/宽度（W）]：（将光标向右移动，拉出向右的水平线）108↙

指定下一点或[圆弧（A）/闭合（C）/半宽（H）/长度（L）/放弃（U）/宽度（W）]：a↙（由绘制直线方式转为绘制圆弧方式）

指定圆弧的端点或

[角度（A）/圆心（CE）/闭合（CL）/方向（D）/半宽（H）/直线（L）/半径（R）/第二个点（S）/放弃（U）/宽度（W）]：（将光标向上移动）48↙

绘制出的部分图形，如图 4-29（a）所示。

命令行继续提示：

指定圆弧的端点或

[角度（A）/圆心（CE）/闭合（CL）/方向（D）/半宽（H）/直线（L）/半径（R）/第二

个点（S）/放弃（U）/宽度（W）]: 1↙（由绘制圆弧方式转为绘制直线方式）

指定下一点或[圆弧（A）/闭合（C）/半宽（H）/长度（L）/放弃（U）/宽度（W）]:（光标向左移动，拉出向左的水平线）108↙

指定下一点或[圆弧（A）/闭合（C）/半宽（H）/长度（L）/放弃（U）/宽度（W）]: a↙（由绘制直线方式转为绘制圆弧方式）

指定圆弧的端点或

[角度（A）/圆心（CE）/闭合（CL）/方向（D）/半宽（H）/直线（L）/半径（R）/第二个点（S）/放弃（U）/宽度（W）]:（将光标向下移动）48↙

绘制完成的图形，如图4-29（b）所示。

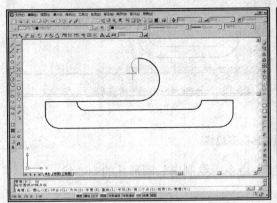
（a）

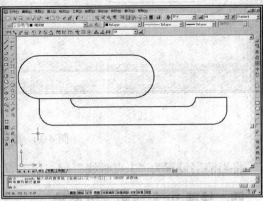
（b）

图4-29　绘制多段线

## 2. 偏移生成另一个长圆形多线段

点击修改工具栏中的"偏移"图标，命令行提示：

指定偏移距离或[通过（T）/删除（E）/图层（L）]<0.00>: 20↙

选择要偏移的对象，或[退出（E）/放弃（U）]<退出>:（拾取多段线为偏移对象）

指定要偏移的那一侧上的点，或[退出（E）/多个（M）/放弃（U）]<退出>:[在多段线外侧任意位置拾取一点，生成另一个长圆形多线段，如图4-30（a）所示]

## 三、移动

移动的功能是改变对象的位置。

点击修改工具栏中的"移动"图标，命令行提示：

选择对象:（拾取两个长圆形多段线）

选择对象: 找到2个

选择对象:（点击右键，结束对象选择，命令行继续提示）

指定基点或[位移（D）]<位移>:

选项说明

● 指定基点　该选项为默认选项。指定基点后，拾取或输入相对于基点的位移点。一般用相对坐标比较方便。

● 位移（D）　该选项是直接给定X、Y、Z的位移量来移动所选对象。

本例采用系统的默认选项。

指定基点或[位移（D）]<位移>:（指定凹形左上角点为基点）

指定第二个点或<使用第一个点作为位移>: @-132，-192↙

移动操作后的图形，如图 4-30（b）所示。

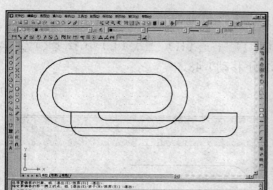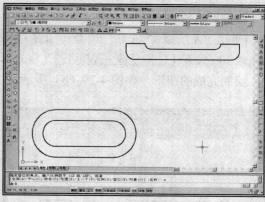

（a）                （b）

图 4-30　绘制与移动多段线

将当前层设置为"3 点画线"层。用"直线"命令，绘制出长圆形孔的中心线。

## 四、绘制 30°斜线和 *R*20 圆角

### 1. 绘制 30°斜线

将当前层设置为"1 粗实线"层。

点击主菜单中的【工具】→【草图设置】命令，在"草图设置"对话框中的"极轴追踪"选项卡中，勾选"启用极轴追踪"，点击极轴角设置栏中的"增量角"下拉箭头，在列表中选择"30"，在对象捕捉追踪设置栏中，单选"用所有极轴角设置追踪"，点击 确定 按钮。

点击绘图工具栏中的"直线"图标，捕捉长圆形左侧圆心，拉出 120°追踪线，如图 4-31（a）所示。命令行提示：

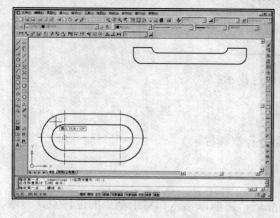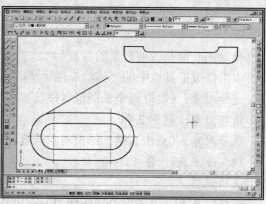

（a）                （b）

图 4-31　绘制 30°斜线和 *R*20 圆角（一）

命令: line 指定第一点: （指定 120°追踪线与 R44 圆弧的交点作为第一点）

指定下一点或 [放弃（U）]: （光标向右上移动，拉出 30°追踪线至适当长度，单击左键）

绘制出的 30°斜线，如图 4-31（b）所示。

**2. 绘制 R20 圆角**

点击修改工具栏中的"圆角"图标，命令行提示:

当前设置: 模式=修剪，半径=16.00（提示当前修剪模式和圆角半径）

选择第一个对象或[放弃（U）/多段线（P）/半径（R）/修剪（T）/多个（M）]: r↙

指定圆角半径<16.00>: 20↙

选择第一个对象或[放弃（U）/多段线（P）/半径（R）/修剪（T）/多个（M）]: （拾取 30°斜线）

选择第二个对象，或按住 Shift 键选择要应用角点的对象: （拾取凹形左侧竖直线）绘制出的圆角，如图 4-32 所示。

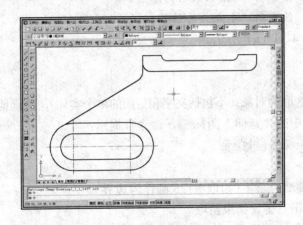

图 4-32　绘制 30°斜线和 R20 圆角（二）

## 五、绘制 R126 圆

**1. 绘制 R126 圆**

点击绘图工具栏中的"圆"图标，命令行提示:

命令: circle 指定圆的圆心或[三点（3P）/两点（2P）/相切、相切、半径（T）]: （点击对象捕捉工具栏中的"捕捉到外观交点"图标，移动光标到凹形下边的水平线，待出现延伸外观交点标记时单击左键。移动光标到凹形右侧竖直线，屏幕上将出现捕捉外观交点标记，如图 4-33（a）所示。单击左键，指定为"圆心点"）

指定圆的半径或[直径（D）]: 126↙

绘制出的圆，如图 4-33（b）所示。

**2. 移动 R126 圆**

点击修改工具栏中的"移动"图标，命令行提示:

选择对象: （用光标直接选取 R126 圆，点击右键）

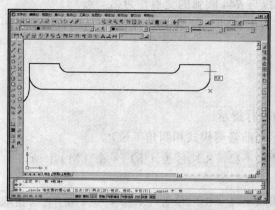
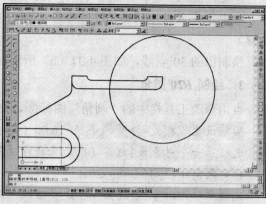

（a）　　　　　　　　　　　　　　（b）

图 4-33　绘制 R126 圆

指定基点或位移<位移>:（拾取圆心为基点）

指定第二个点或<使用第一个点作为位移>: @-126，-10↙

圆移动后，如图 4-34（a）所示。

## 六、延伸

延伸的功能是使选取的对象（不包括文字和封闭的单个实体），准确地达到选定边界。

点击修改工具栏中的"延伸"图标 ，命令行提示：

当前设置：投影=视图，边=无

选择边界的边...

选择对象或<全部选择>:（拾取 R126 圆作为边界）

选择对象:（点击右键，结束拾取）

选择要延伸的对象，或按住 Shift 键选择要修剪的对象，或

[栏选（F）/窗交（C）/投影（P）/边（E）/放弃（U）]:（拾取凹形右侧竖直线）

延伸后的图形，如图 4-34（b）所示。

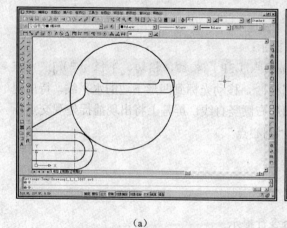
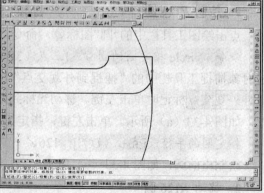

（a）　　　　　　　　　　　　　　（b）

图 4-34　移动圆及延伸

### 七、绘制圆的公切线

点击绘图工具栏中的"直线"图标 ✓，命令行提示：

**命令：line 指定第一点：**［点击对象捕捉工具栏中的"捕捉到切点"图标 ○，在长圆形右侧外圆上拾取一点，如图 4-35（a）所示］

**指定下一点或［放弃（U）］：**（再次选择"捕捉到切点"模式，在 R126 圆上拾取一点）
绘制出的公切线，如图 4-35（b）所示。

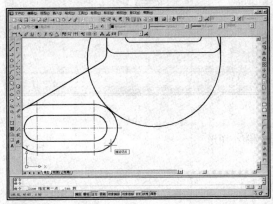 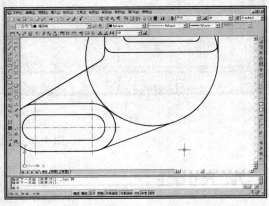

(a)                                (b)

图 4-35　绘制圆的公切线

点击修改工具栏中的"修剪"图标 ，命令行提示：

**选择对象或<全部选择>：** ✓
**选择要修剪的对象，或按住 Shift 键选择要延伸的对象，或**
**［栏选（F）/窗交（C）/投影（P）/边（E）/删除（R）/放弃（U）］**（用光标逐一拾取欲修剪对象）

### 八、比例缩放

缩放的功能是将选定的对象按一定的比例放大或缩小。
点击修改工具栏中的"比例"图标 ，命令行提示：

**选择对象：**（拾取全部图形后点击右键，结束拾取）
被选中的图形元素变为点线，如图 4-36（a）所示。

**指定基点：**（在适当位置指定一点）
**指定比例因子或［复制（C）/参照（R）]<1.0000>：**
选项说明

● 指定比例因子　该选项为系统的默认选项，直接输入比例因子数值。比例因子必须大于 0，大于 1 表示放大，小于 1 表示缩小。输入比例因子后，拾取的对象按比例因子数值放大或缩小显示，结束命令。

● 参照（R）　若键入 r✓，可以通过输入参照值与新值的比值，来确定比例因子。该选项常在不能准确确定比例因子的情况下使用。

本例采用系统的默认选项。

指定比例因子或[复制（C）/参照（R）]<1.0000>: 0.25↙

所选图形缩小，如图 4-36（b）所示。

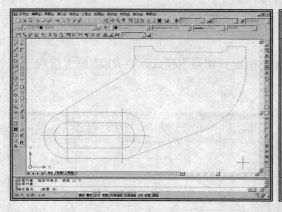
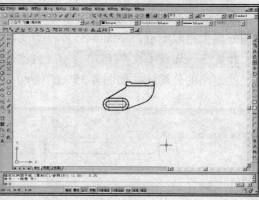

（a）　　　　　　　　　　　　（b）

图 4-36　按比例缩小图形

## 九、尺寸标注

### 1. 标注线性尺寸

在图层工具栏中，选择"5 尺寸"层为当前层。

点击标注工具栏中的"线性"图标，命令行提示：

指定第一条尺寸界线原点或<选择对象>:（拾取长圆形左侧竖直中心线）

指定第二条尺寸界线原点:（拾取长圆形右侧竖直中心线）

指定尺寸线位置或[多行文字（M）/文字（T）/角度（A）/水平（H）/垂直（V）/旋转（R）]:（向下移动光标至合适的位置，单击左键）

注出的尺寸，如图 4-37（a）所示。

重复"线性"标注命令，注出图 4-37（b）所示各尺寸。

注意：标注 R126 圆弧的中心距时，需捕捉该圆的圆心。

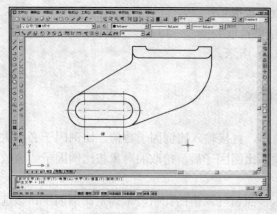
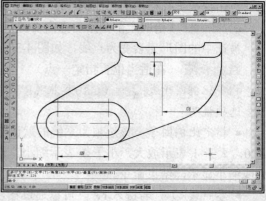

（a）　　　　　　　　　　　　（b）

图 4-37　标注线性尺寸

92

## 2. 继续标注

继续标注用来标注一连串的尺寸，即将前一个尺寸的第二个尺寸界线原点，作为下一个尺寸的第一个尺寸界线的原点。

点击标注工具栏中的"线性"图标┠┨，用"线性"标注命令注出凹槽宽144。

点击标注工具栏中的"继续"图标┠┠┨，命令行提示：

指定第二条尺寸界线原点或[放弃（U）/选择（S）]<选择>：[捕捉图4-38（a）中的光标点作为标注第二个尺寸的第二条尺寸界线原点]

命令行继续提示：

标注文字=36

指定第二条尺寸界线原点或[放弃（U）/选择（S）]<选择>：（按 Esc 键，结束连续尺寸标注）

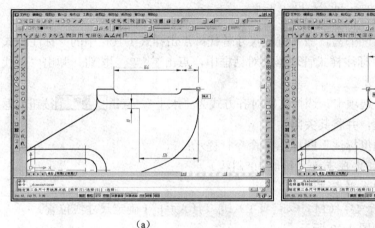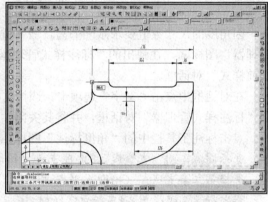

(a)　　　　　　　　　　　　　　　　(b)

图 4-38　连续标注与基线标注（一）

## 3. 基线标注

基线标注使用同一条尺寸界线作为基准标注多个尺寸，用来创建一系列由相同的标注原点测量出来的尺寸标注。

点击标注工具栏中的"基线"图标┠┠，命令行提示：

指定第二条尺寸界线原点或[放弃（U）/选择（S）]<选择>：✓

选择基准标注：（拾取36尺寸的右尺寸界线）

指定第二条尺寸界线原点或 [放弃(U)/选择(S)] <选择>：[拾取图4-38（b）中的光标点作为第二个尺寸的第二条尺寸界线原点]

命令行继续提示：

标注文字=216

指定第二条尺寸界线原点或[放弃（U）/选择（S）]<选择>：（按 Esc 键，结束基线尺寸标注）

用"继续"标注命令，注出连续尺寸132，如图4-39（a）所示。

用"线性"和"基线"标注命令，注出凹槽高30和定位尺寸168，如图4-39（b）所示。

## 4. 角度标注

角度标注用来标注圆弧的中心角、两条非平行线之间的夹角或指定3个点所确定的夹角。

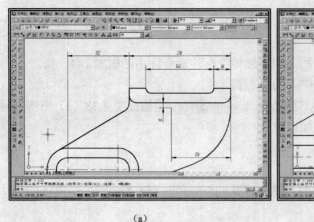
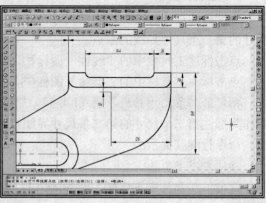

（a） （b）

图 4-39　连续标注与基线标注（二）

因角度的尺寸数值要求水平书写，故需进行尺寸替代。点击样式工具栏中的"标注样式管理器"图标 ◢，在弹出的"标注样式管理器"对话框中，点击 替代(0)… 按钮，弹出"替代当前样式"对话框。

在对话框中点击"文字"选项卡，选择文字对齐方式为"水平"，点击 确定 按钮，返回"标注样式管理器"对话框，并将其关闭。

点击标注工具栏中的"角度标注"图标 △，命令行提示：

选择圆弧、圆、直线或<指定顶点>：（拾取 30°斜线）

选择第二条直线：（拾取水平点画线）

指定标注圆弧位置或[多行文字（M）/文字（T）/角度（A）]：（确定尺寸线位置）

完成角度尺寸的标注，如图 4-40 所示。

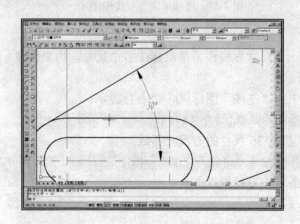

图 4-40　角度标注

### 5. 标注半径尺寸

点击标注工具栏中的"半径"图标 ◎，标注长圆形中圆弧的半径，如图 4-41（a）所示。

重复"半径标注"命令，注出 R16 半径尺寸，如图 4-41（b）所示。

选中 R16 半径尺寸后，点击右键，用快捷菜单中的【标注文字位置】→【与引线一起移动】命令，将尺寸调整到合适位置，如图 4-42（a）所示。

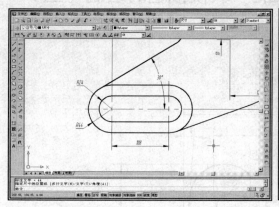
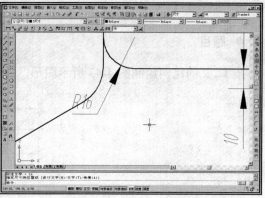

(a)                  (b)

图 4-41　标注半径尺寸（一）

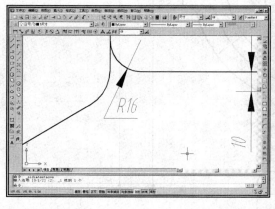
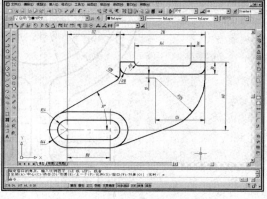

(a)                  (b)

图 4-42　标注半径尺寸（二）

点击样式工具栏中的"标注样式控制"窗口，重新选择"GB"标注样式，取消尺寸替代。重复"半径标注"命令，注出其他半径尺寸。

## 十、存储文件

### 1. 范围缩放

检查全图确认无误后，键入命令：z✓

[全部（A）/中心点（C）/动态（D）/范围（E）/上一个（P）/比例（S）/窗口（W）] <实时>：e✓

所绘图形充满屏幕，如图 4-42（b）所示。

### 2. 存储文件

点击标准工具栏中的"保存"图标，存储文件。

# 第三节　工业产品类 CAD 技能一级模拟题的绘制（三）

◆ **题目**

按 1：2 的比例绘制图 4-43 所示图形，并标注尺寸。

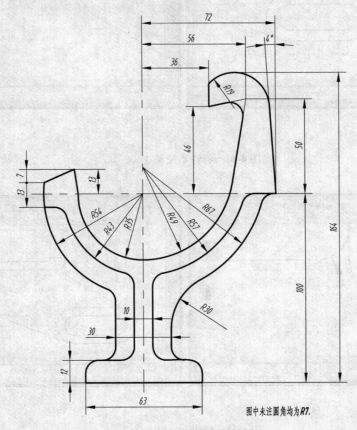

图 4-43　平面图形图例

◆ **本题知识点**

用绝对坐标和相对坐标绘制两点线、角度线；利用夹点快速编辑图形的方法、移动坐标系的方法以及用尺寸替代方法标注连续小尺寸和角度尺寸。

◆ **绘图前的准备**

按本章第一节介绍的方法，做绘图前的准备。
  ① 设置绘图单位：mm。
  ② 设置单位精度：0.00。
  ③ 设置图形界限：297 mm×210 mm，并在屏幕上全部显示图形界限。
  ④ 设置线型：加载线型 CENTER。
  ⑤ 设置线型比例：0.33。
  ⑥ 设置图层："1 粗实线"层，"3 点画线"层，"5 尺寸"层。

⑦ 设置文字样式"尺寸"：选择字体名 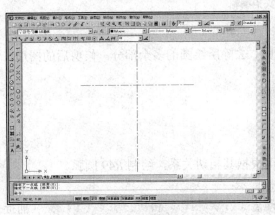，设置宽度比例为"0.67"，设置倾斜角度为"15"。

⑧ 设置标注样式"GB"：在"直线"选项卡中，设置基线间距为"7"，将尺寸界线超出尺寸线的数值修改为"2"，起点偏移量修改为"0"；在"符号和箭头"选项卡中，将箭头大小修改为"3.5"；在"文字"选项卡中，选择文字样式为新设置的"尺寸"样式，设置文字高度为"3.5"；在"调整"选项卡中，选择调整选项为"文字和箭头"，勾选右下方的"手动放置文字"复选框；在"主单位"选项卡中的精度列表框中，选择精度为"0"，在测量单位比例因子列表框中，修改比例因子为"2"。

将设置的标注样式置为当前。

⑨ 设置工具栏：开启"对象捕捉"、"标注"工具栏，并将其拖动到合适位置。

⑩ 设置自动捕捉：点击"对象捕捉"工具栏最下方的"对象捕捉设置"按钮，在"草图设置"对话框中选择"对象捕捉"选项卡，勾选"启用对象捕捉"和"启用对象捕捉追踪"复选框，并在"对象捕捉模式"选项组中勾选端点、中点、圆心和交点四种常用的对象捕捉模式。

⑪ 保存文件：点击标准工具栏中的"保存"图标，弹出"另存文件"对话框。在"另存文件"对话框中的文件名输入框内输入一个文件名，点击 保存(S) 按钮。

提示：本例要求按1∶2的比例绘图，但为使作图方便、快捷，应先按图中所注尺寸1∶1绘制图形。待图形绘制完成后，先进行比例缩放，再标注尺寸，使之达到题目要求。

## 一、绘制已知圆弧

### 1. 绘制基准线

选择当前层为"3 点画线"层。

点击绘图工具栏中的"直线"图标，命令行提示：

命令：line 指定第一点：（在屏幕的适当位置指定水平基准线的第一点，移动光标，动态拖动一根直线）

指定下一点或［放弃（U）］：（打开正交功能，光标向右移动至适当长度，单击左键。按空格键终止命令）

重复"直线"命令，绘制出竖直基准线，如图 4-44（a）所示。

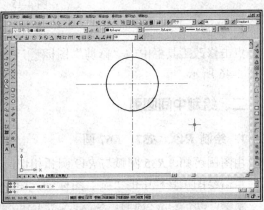

(a)                                    (b)

图 4-44　绘制已知圆弧

**2. 绘制已知圆**

选择当前层为"1粗实线"层。

用"圆"命令，绘制半径为35的圆，如图4-44（b）所示。

**3. 夹点编辑**

在无命令状态下，用光标拾取圆，圆变为虚线，且在圆的5个特征点（四个象限点及圆心）处，显示出实心小方框（即"夹点"），如图4-45（a）所示。将光标置于任一象限点的夹点上单击左键，命令行提示：

**拉伸**

指定拉伸点或[基点（B）/复制（C）/放弃（U）/退出（X）]: c✓

**拉伸（多重）**

指定拉伸点或[基点（B）/复制（C）/放弃（U）/退出（X）]: 43✓

**拉伸（多重）**

指定拉伸点或[基点（B）/复制（C）/放弃（U）/退出（X）]: 54✓ （按两次Esc键，结束夹点编辑）

绘制出的同心圆，如图4-45（b）所示。

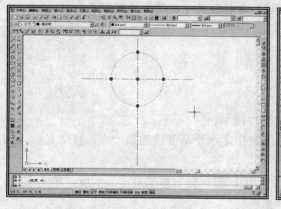
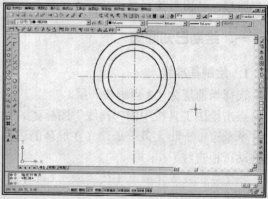

（a）                                （b）

图4-45　夹点编辑

**4. 修剪**

点击修改工具栏中的"修剪"图标 ，修剪、去除所绘圆的多余部分。修剪后的图形，如图4-46所示。

## 二、绘制中间圆弧

**1. 绘制 *R*49、*R*57、*R*67 圆**

由图例可知，*R*35圆弧与*R*49圆弧相切，可根据其相切关系，绘制*R*49圆弧。

点击绘图工具栏中的"圆"图标 ，命令行提示：

命令：circle 指定圆的圆心或[三点（3P）/两点（2P）/相切、相切、半径（T）]: （捕捉*R*35圆弧的270°象限点作为追踪起点，向上移动光标，引出90°追踪线）49✓

指定圆心后，命令行提示：

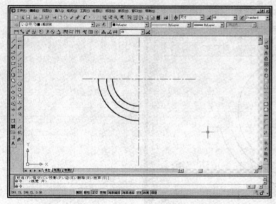

图 4-46　修剪后的图形

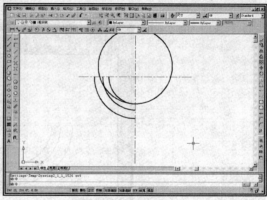

图 4-47　绘制中间圆弧（一）

指定圆的半径或[直径（D）]: 49✓

画出半径为 49 的圆，如图 4-47 所示。

用前面所述夹点编辑法，绘制出半径为 57、67 的圆，如图 4-48（a）所示。

## 2. 修剪

点击修改工具栏中的"修剪"图标，修剪去除所绘圆的多余部分。修剪后的图形，如图 4-48（b）所示。

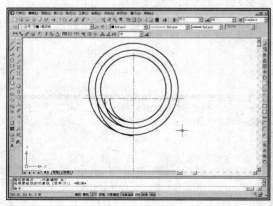

（a）

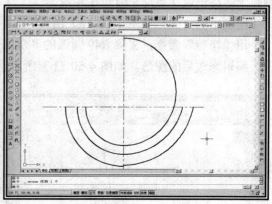

（b）

图 4-48　绘制中间圆弧（二）

# 三、绘制右上部轮廓

## 1. 移动坐标系

移动坐标系的目的是更快、更方便的作图。

点击主菜单中的【工具】→【移动 UCS】命令，命令行提示：

指定新原点或[Z 向深度(Z)]<0，0，0>:　（捕捉两基准线的交点，单击左键）

通过上述操作，将坐标系原点移动到两基准线的交点，如图 4-49 所示。

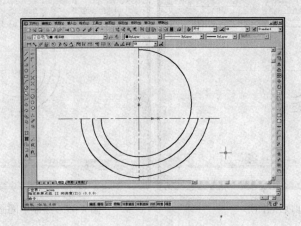

图 4-49　移动坐标系

## 2. 绘制折线

点击绘图工具栏中的"直线"图标 ✒，命令行提示：

指定第一点：36，46✔

指定下一点或［放弃（U）］：（关闭"正交"模式）@20，4✔

指定下一点或［放弃（U）］：（在捕捉工具栏中选择"捕捉到切点"，将光标移到 R49 圆弧上，待出现切点标记时单击左键）

绘制出的折线，如图 4-50（a）所示。

用"修剪"命令，去除 R49 圆弧的多余部分。

编辑修改后的图形，如图 4-50（b）所示。

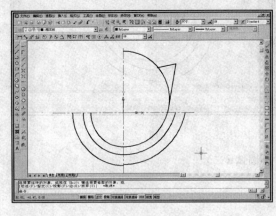

（a）

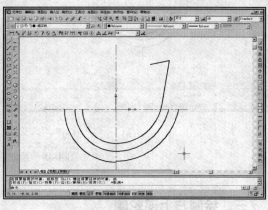

（b）

图 4-50　绘制折线

## 3. 绘制 94°斜线

点击主菜单中的【工具】→【草图设置】命令，弹出"草图设置"对话框。点击"极轴追踪"选项卡，勾选"启用极轴追踪"项，并将"增量角"设置为"94"，如图 4-51 所示。点击 确定 按钮。

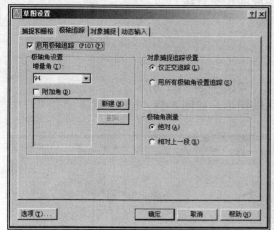
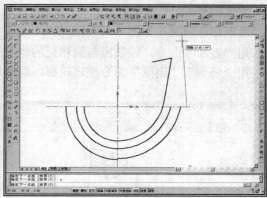

图 4-51　设置极轴追踪　　　　　　　　　图 4-52　绘制 94°斜线

点击绘图工具栏中的"直线"图标∕，命令行提示：

指定第一点：（捕捉基准线交点作为追踪起点，向右移动光标）72↙

指定下一点或［放弃（U）］：（向左上移动光标，如图 4-52 所示，待出现 94°追踪线时，用光标任意指定一点）。

指定下一点或［放弃（U）］：↙（结束命令）

### 4. 绘制 R19 圆弧

点击修改工具栏中的"偏移"图标ᇦ，命令行提示：

指定偏移距离或[通过（T）/删除（E）/图层（L）]<0.00>：64↙

选择要偏移的对象，或[退出（E）/放弃（U）]<退出>：（拾取水平点画线为偏移对象）

指定要偏移的那一侧上的点，或[退出（E）/多个（M）/放弃（U）]<退出>：（在水平点画线上方任意位置拾取一点，完成偏移线的绘制）

绘制出的偏移线，如图 4-53（a）所示。

点击绘图工具栏中的"圆"图标⊘，命令行提示：

命令：circle 指定圆的圆心或[三点（3P）/两点（2P）/相切、相切、半径（T）]: t↙

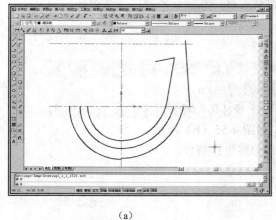

（a）

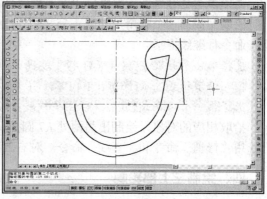

（b）

图 4-53　绘制 R19 圆弧

指定对象与圆的第一个切点：（拾取偏移生成的水平直线）

指定对象与圆的第二个切点：（拾取94°斜线）

指定圆的半径：19✓

绘制出顶部圆，如图4-53（b）所示。

用"直线"命令，绘制出与圆相交的竖直线，如图4-54（a）所示。

用"修剪"、"删除"命令整理轮廓，整理后的图形，如图4-54（b）所示。

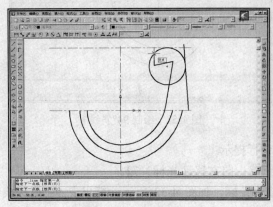 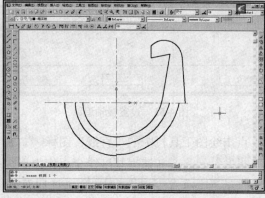

（a）                              （b）

图4-54  整理轮廓

### 5. 绘制 *R7* 圆角

点击修改工具栏中的"圆角"图标，命令行提示：

命令：_fillet

当前设置：模式=修剪，半径=0.00（提示当前修剪模式和圆角半径）

选择第一个对象或[放弃（U）/多段线（P）/半径（R）/修剪（T）/多个（M）]：r✓

指定圆角半径<0.00>：7✓

选择第一个对象或[放弃（U）/多段线（P）/半径（R）/修剪（T）/多个（M）]：m✓

选择第一个对象或[放弃（U）/多段线（P）/半径（R）/修剪（T）/多个（M）]：（拾取两相交斜线中的任一条斜线）

选择第二个对象，或按住Shift键选择要应用角点的对象：（拾取另一条斜线）

绘制完成的一个圆角，如图4-55（a）所示。

命令行继续提示：

选择第一个对象或[放弃（U）/多段线（P）/半径（R）/修剪（T）/多个（M）]：t✓

输入修剪模式选项[修剪（T）/不修剪（N）]<修剪>：n✓

选择第一个对象或[放弃（U）/多段线（P）/半径（R）/修剪（T）/多个（M）]：

拾取相应的对象，绘制出另两处 *R7* 圆角，如图4-55（b）所示。

用"修剪"命令和"直线"命令，对右上部轮廓进行整理。

### 四、绘制左上部轮廓

### 1. 绘制折线

点击绘图工具栏中的"直线"图标，命令行提示：

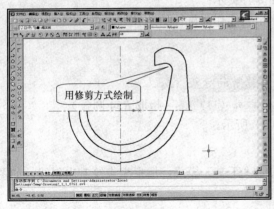

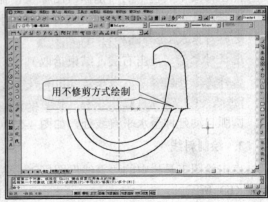

(a)               (b)

图 4-55　绘制 *R*7 圆角

指定第一点：（拾取 *R*35 圆弧的左端点作为第一点）

指定下一点或［放弃（U）］：@-2，13

指定下一点或［放弃（U）］：（打开状态栏中的"正交"模式，向左移动光标至适当长度单击左键，结束命令）

绘制出的折线，如图 4-56（a）所示。

点击修改工具栏中的"复制对象"图标 ♋，命令行提示：

选择对象：（拾取要复制的水平直线）

选择对象：找到 1 个

选择对象：（点击右键，结束拾取）

指定基点或[位移（D）]<位移>]：（拾取水平直线上任一点为基点）

指定第二个点或<使用第一个点作为位移>：（光标略向下移动）7↙

指定第二个点或[退出（E）/放弃（U）]<退出>：20↙（结束命令）

复制后的图形，如图 4-56（b）所示。

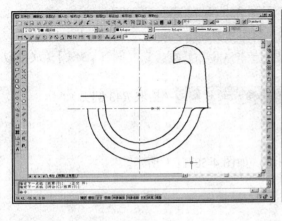

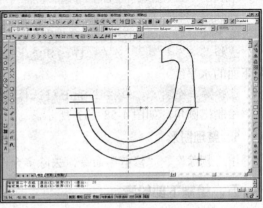

(a)               (b)

图 4-56　绘制左上部轮廓（一）

**2. 延长 R54 圆弧**

点击修改工具栏中的"延伸"图标 ，命令行提示：

选择对象或<全部选择>：（选择中间的水平直线作为延伸的边界）

选择对象或<全部选择>：找到 1 个

选择对象：（点击右键，结束拾取）

选择要延伸的对象，或按住 Shift 键选择要修剪的对象，或

[栏选（F）/窗交（C）/投影（P）/边（E）/放弃（U）]：（拾取 R54 圆弧）

圆弧自动延伸至水平直线处，如图 4-57（a）所示。

**3. 绘制斜线**

点击绘图工具栏中的"直线"图标 ，关闭"正交"模式，捕捉交点绘制出斜线，如图 4-57（b）所示。

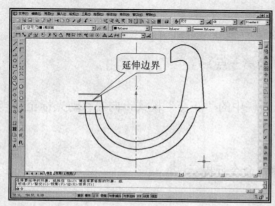

（a）

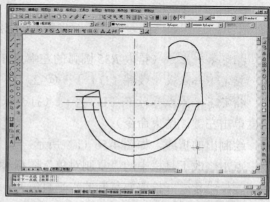

（b）

图 4-57　绘制左上部轮廓（二）

**4. 绘制圆角**

点击修改工具栏中的"圆角"图标 ，命令行提示：

命令：_fillet

当前设置：模式=不修剪，半径=7.00

选择第一个对象或[多段线（P）/半径（R）/修剪（T）/多个（U）]：t✓

输入修剪模式选项[修剪（T）/不修剪（N）]<不修剪>：t✓

选择第一个对象或[放弃（U）/多段线（P）/半径（R）/修剪（T）/多个（M）]：（拾取最下面的水平线）

选择第二个对象，或按住 Shift 键选择要应用角点的对象：（拾取 R43 圆弧）

绘制出圆角，如图 4-58（a）所示。

**5. 整理图形**

用"删除"、"修剪"命令，去除多余图线，如图 4-58（b）所示。

## 五、绘制下部轮廓

**1. 绘制折线**

点击绘图工具栏中的"直线"图标 ，命令行提示：

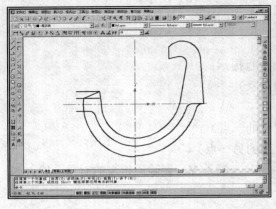
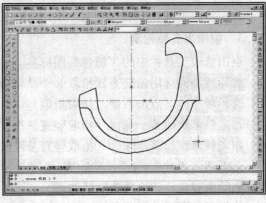

（a）　　　　　　　　　　　　　　　　（b）

图 4-58　绘制左上部轮廓（三）

指定第一点：（捕捉基准线交点作为追踪起点，向下移动光标，引出以该点为起点的 270° 追踪线）100↙

指定下一点或［放弃（U）］：（打开"正交"模式，向左移动光标）31.5↙

指定下一点或［放弃（U）］：（向上移动光标）12↙

指定下一点或［闭合（C）/放弃（U）］：（向右移动光标）16.5↙

指定下一点或［闭合（C）/放弃（U）］：（向上移动光标至适当长度单击左键）

指定下一点或［闭合（C）/放弃（U）］：↙（结束命令）

点击修改工具栏中的"偏移"图标🖰，命令行提示：

指定偏移距离或[通过（T）]<通过>：10↙

选择要偏移的对象或<退出>：（拾取最后画出的竖直线作为偏移对象）

指定点以确定偏移所在一侧：（在其右侧单击左键）

绘制出的直线，如图 4-59（a）所示。

### 2. 绘制圆角

点击修改工具栏中的"圆角"图标🖰，绘制 5 个 R7 圆角，其中 4 个圆角选用"修剪"

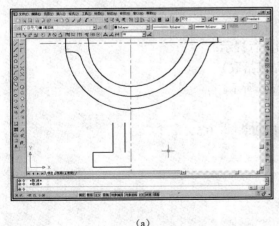
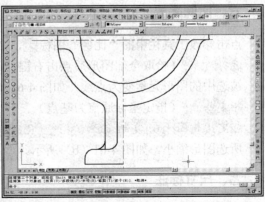

（a）　　　　　　　　　　　　　　　　（b）

图 4-59　绘制下部轮廓（一）

模式绘制，1 个圆角选用"不修剪"模式绘制，如图 4-59（b）所示。

点击修改工具栏中的"修剪"图标⊣，去除多余图线。

**3. 镜像出右侧轮廓**

点击修改工具栏中的"镜像"图标⚠，命令行提示：

选择对象：（用窗交方式拾取 8 个欲镜像对象）

选择对象：（点击右键，结束拾取）

指定镜像线的第一点：（拾取竖直基准线上的一点）

指定镜像线的第二点：（拾取竖直基准线上的另一点）

是否删除源对象？[是（Y）/否（N）]<N>: ↙（输入 Y，删除原拾取的对象；输入 N，则不删除原对象，该选项为默认选项）

镜像后的图形，如图 4-60（a）所示。

**4. 绘制圆角**

点击修改工具栏中的"圆角"图标，用"修剪"模式，分别绘制出 *R*7 和 *R*30 两个圆角，如图 4-60（b）所示。

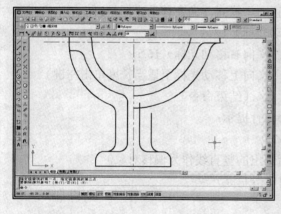
（a）

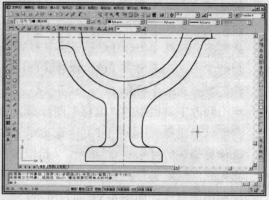
（b）

图 4-60　绘制下部轮廓（二）

## 六、比例缩放

点击修改工具栏中的"比例"图标，命令行提示：

选择对象：（拾取全部图形后点击右键，结束拾取）

被选中的图形元素变为点线，如图 4-61（a）所示。

指定基点：（指定坐标原点为基点）

指定比例因子或[复制（C）/参照（R）]<1.0000>: 0.5↙

所选图形缩小，如图 4-61（b）所示。

## 七、尺寸标注

**1. 标注圆弧半径尺寸**

在图层工具栏中，选择"5 尺寸"层为当前层。

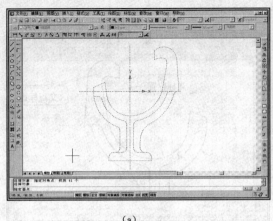
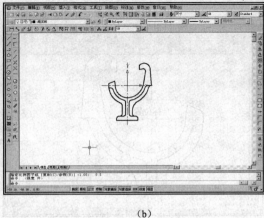

(a)
(b)

图 4-61　比例缩放

点击标注工具栏中的"半径"图标⊙，命令行提示：

选择圆弧或圆：（拾取 *R*35 圆弧）

标注文字=35

指定尺寸线位置或[多行文字（M）/文字（T）/角度（A）]：（确定尺寸线位置）

完成该圆弧的尺寸标注，如图 4-62（a）所示。

重复"半径标注"命令，注出其他半径尺寸，如图 4-62（b）所示。

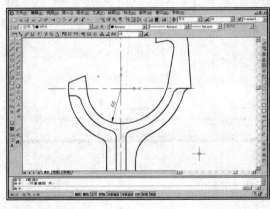
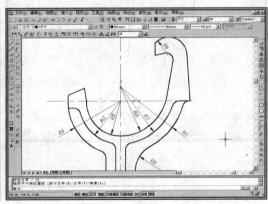

（a）
（b）

图 4-62　尺寸标注（一）

### 2. 标注线性尺寸 50

点击标注工具栏中的"线性"图标⊢，命令行提示：

指定第一条尺寸界线原点或<选择对象>：（拾取水平基准线）

指定第二条尺寸界线原点：（点击对象捕捉工具栏中的"捕捉到外观交点"图标✕，将光标置于图 4-63（a）中的位置。待出现矩形提示框后，单击左键。将光标点移至图 4-63（b）所示位置，待出现外观交点的标识时单击左键）

指定尺寸线位置或[多行文字（M）/文字（T）/角度（A）/水平（H）/垂直（V）/旋转（R）]：（移动光标至合适的位置，单击左键）

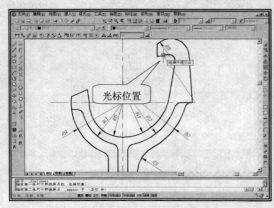
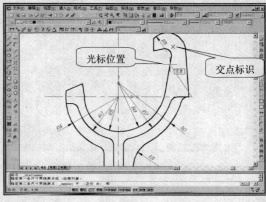

| (a) | (b) |

图 4-63　尺寸标注（二）

标注出的尺寸，如图 4-64（a）所示。

在"5尺寸"层，用"直线"命令绘制确定 50 上端点的交线，如图 4-64（b）所示。

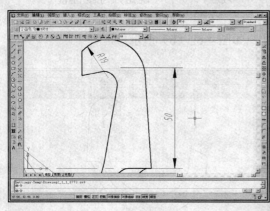
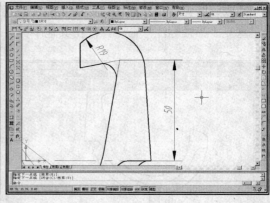

| (a) | (b) |

图 4-64　尺寸标注（三）

### 3. 标注连续尺寸

点击标注工具栏中的"继续"图标 ，命令行提示：

指定第二条尺寸界线原点或[放弃（U）/选择（S）]<选择>：✓

选择连续标注：（拾取线性尺寸 50 的下箭头）

指定第二条尺寸界线原点或[放弃（U）/选择（S）]<选择>：（拾取图形最下方水平线的右端点）

命令行继续提示：

标注文字=100

指定第二条尺寸界线原点或[放弃（U）/选择（S）]<选择>：（按 Esc 键，结束连续尺寸标注）

标注出的尺寸，如图 4-65（a）所示。

**108**

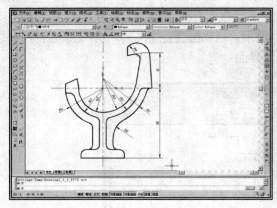
(a)

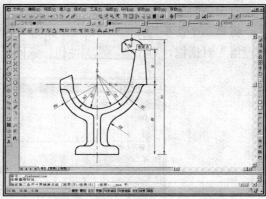
(b)

图 4-65　尺寸标注（四）

### 4. 标注基线尺寸

点击标注工具栏中的"基线"图标 ⊟，命令行提示：

指定第二条尺寸界线原点或[放弃（U）/选择（S）]<选择>: ↙

选择基准标注：（拾取 100 尺寸的下尺寸界线作为基准）

指定第二条尺寸界线原点或[放弃（U）/选择（S）]<选择>: ［捕捉图 4-65（b）中的 R19 圆弧上象限点作为第二条尺寸界线原点］

命令行继续提示：

标注文字=164

指定第二条尺寸界线原点或[放弃（U）/选择（S）]<选择>:（按 Esc 键，结束基线尺寸标注）

点击标注工具栏中的"线性"图标 ⊢，注出线性尺寸 46、36，如图 4-66（a）所示。

点击标注工具栏中的"基线"图标 ⊟，注出线性尺寸 56、72，如图 4-66（b）所示。

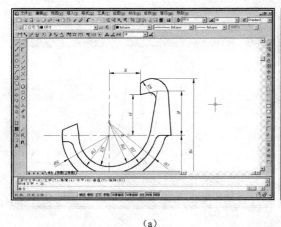
(a)

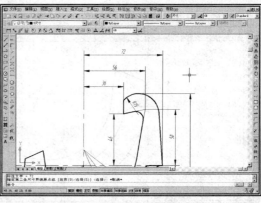
(b)

图 4-66　尺寸标注（五）

### 5. 标注左侧线性尺寸 13、7

点击样式工具栏中的"标注样式管理器"图标，在弹出的"标注样式管理器"对话框中，点击 **替代(Q)...** 按钮，弹出"替代当前样式"对话框，在对话框的"符号和箭头"选项卡中，将第二个箭头选择为"小点"，如图 4-67 所示。点击 **确定** 按钮，返回到"标注样式管理器"对话框，点击 **关闭** 按钮，返回绘图界面。

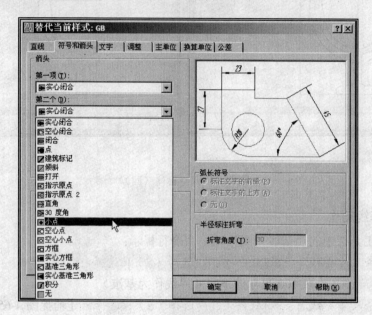

图 4-67 "替代当前样式"对话框

点击标注工具栏中的"线性标注"图标，注出线性尺寸 13，如图 4-68（a）所示。

点击样式工具栏中的"标注样式管理器"图标，在弹出的"标注样式管理器"对话框中，点击 **替代(Q)...** 按钮，弹出"替代当前样式"对话框，在对话框的"符号和箭头"选项卡中，将第一个箭头选择为"无"，第二个箭头选择为"实心闭合"。点击 **确定** 按钮，返回到"标注样式管理器"对话框，点击 **关闭** 按钮，返回绘图界面。

点击标注工具栏中的"连续标注"图标，注出另一个线性尺寸 7，如图 4-68（b）所示。

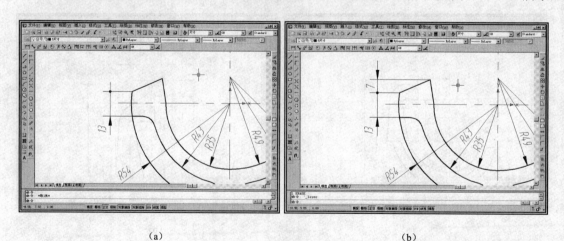

（a）　　　　　　　　　　　　　　（b）

图 4-68 尺寸标注（六）

### 6. 标注角度尺寸

点击样式工具栏中的"标注样式管理器"图标，在弹出的"标注样式管理器"对话框中，点击 替代(O)... 按钮，弹出"替代当前样式"对话框。在对话框的"符号和箭头"选项卡中，将两个箭头全部选择为"实心闭合"；在对话框的"文字"选项卡中，单选文字对齐方式为"水平"。

点击标注工具栏中的"角度标注"图标，命令行提示：

选择圆弧、圆、直线或<指定顶点>：↙

指定角的顶点：［选择图 4-69（a）中光标所在点］

指定角的第一个端点：（在 94°斜线上指定一点）

指定角的第二个端点：（在线性尺寸 72 的右尺寸界线上指定第二点）

指定标注弧线位置或[多行文字（M）/文字（T）/角度（A）]：（移动光标，选择合适位置后单击左键）

注出角度尺寸，如图 4-69（b）所示。

在"样式"工具栏中，选择当前标注样式为"GB"，用"线性"标注命令注出下方的线性尺寸，如图 4-70 所示。

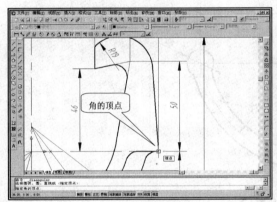

(a)

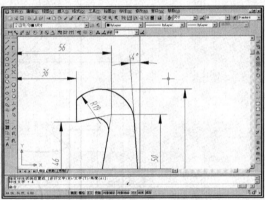

(b)

图 4-69　尺寸标注（七）

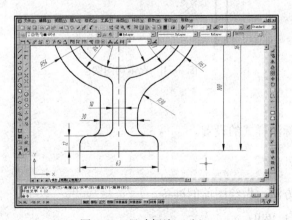

图 4-70　尺寸标注（八）

### 八、存储文件

#### 1. 范围缩放

检查全图确认无误后，键入命令：z✓

[全部（A）/中心点（C）/动态（D）/范围（E）/上一个（P）/比例（S）/窗口（W）]
<实时>：e✓

所绘图形充满屏幕。

#### 2. 存储文件

点击标准工具栏中的"保存"图标🖫，存储文件。

# 第四节　土木与建筑类CAD技能一级考试模拟题的绘制

### ◆ 题目

按1:1的比例绘制图4-71所示衣帽钩的平面图形，并标注尺寸。

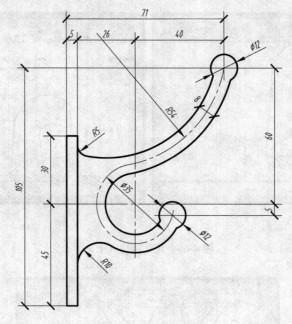

图4-71　衣帽钩图例

### ◆ 本题知识点

建筑图例中尺寸标注样式的设置。

### ◆ 绘图前的准备

按第一节介绍的方法，做绘图前的准备。

① 设置绘图单位：mm。

② 设置单位精度：0.00。

③ 设置图形界限：297 mm×210 mm，并在屏幕上全部显示图形界限。

④ 设置线型：加载线型 CENTER。

⑤ 设置线型比例：0.33。

⑥ 设置图层："1 粗实线"层，"3 点画线"层，"5 尺寸"层。

⑦ 设置文字样式"尺寸"：选择字体名 `isocp.shx`，设置宽度比例为"0.67"，设置倾斜角度为"15"。

⑧ 设置标注样式"GB"：在"直线"选项卡中，设置基线间距为"7"，将尺寸界线超出尺寸线的数值修改为"2"，起点偏移量修改为"0"；在"符号和箭头"选项卡中，将箭头大小修改为"3.5"；在"文字"选项卡中，选择文字样式为新设置的"尺寸"样式，设置文字高度为"3.5"；在"调整"选项卡中，选择调整选项为"文字和箭头"，勾选右下方的"手动放置文字"复选框；在"主单位"选项卡中的精度列表框中，选择精度为"0"。

⑨ 设置标注样式"JZ"：在"符号和箭头"选项卡中，选择箭头的样式为"建筑标记"，将箭头大小修改为"2.5"。其余与"GB"的标注样式相同。

⑩ 设置工具栏：开启"对象捕捉"、"标注"工具栏，并将其拖动到合适位置。

⑪ 设置自动捕捉：点击"对象捕捉"工具栏最下方的"对象捕捉设置"按钮 **n.**，在"草图设置"对话框中选择"对象捕捉"选项卡，勾选"启用对象捕捉"和"启用对象捕捉追踪"复选框，并在"对象捕捉模式"选项组中勾选端点、中点、圆心和交点四种常用的对象捕捉模式。

⑫ 保存文件：点击标准工具栏中的"保存"图标 🔲，弹出"另存文件"对话框。在"另存文件"对话框中的文件名输入框内输入一个文件名，点击 保存(S) 按钮。

## 一、绘制图形的定位线

### 1. 绘制图形基准

选择当前层为"3 点画线层"。

点击绘图工具栏中的"直线"图标 ✏，命令行提示：

命令：line 指定第一点： （在屏幕的适当位置指定水平基准线的第一点，移动光标，动态拖动一根直线）

指定下一点或［放弃（U）］： （打开正交功能，光标向右移动至适当长度，单击左键。按空格键终止命令）

重复"直线"命令，绘制出竖直基准线，如图 4-72（a）所示。

### 2. 绘制所有的定位辅助线

点击修改工具栏中的"复制"图标 ⓧ，命令行提示：

选择对象： （拾取水平基准线，命令行提示拾取对象的数目为 1 个）

选择对象： （点击右键，结束对象拾取，命令行继续提示）

指定基点或[位移（D）]<位移>： （拾取直线端点）

指定第二个点或<使用第一个点作为位移>：（开启"正交"方式，向上移动光标）60↙

指定第二个点或[退出（E）/放弃（U）]<退出>：（向下移动光标）5↙

指定第二个点或[退出（E）/放弃（U）]<退出>：↙（结束命令）

重复"复制"命令，绘制出竖直方向的定位基准线。

绘制出的图形，如图 4-72（b）所示。

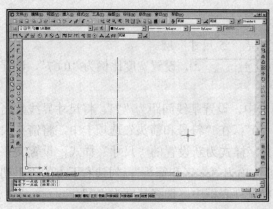
(a)

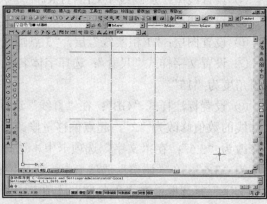
(b)

图 4-72　绘制图形的定位线

## 二、绘制已知圆及矩形

### 1. 绘制 φ35 点画线圆

用"圆"命令，绘制直径为 35 的点画线圆，如图 4-73（a）所示。

### 2. 绘制矩形

选择当前层为"1 粗实线"层。

点击绘图工具栏中的"矩形"图标 ▭，命令行提示：

指定第一个角点或[倒角（C）/标高（E）/圆角（F）/厚度（T）/宽度（W）]：@-26，30✓

指定另一个角点或[面积（A）/尺寸（D）/旋转（R）]：@-5，-75✓

绘制完成的图形，如图 4-73（b）所示。

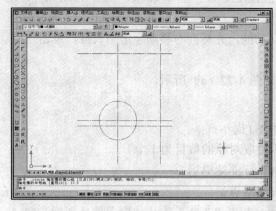
(a)

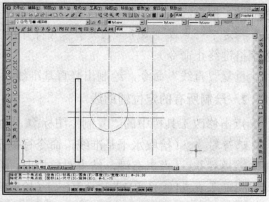
(b)

图 4-73　绘制已知圆弧及矩形（一）

### 3. 绘制两个 φ12 小圆

用"圆"命令，绘制两个直径为 12 的粗实线圆，如图 4-74 所示。

### 三、绘制 *R*54 圆弧

选择当前层为"3 点画线"层。

用"圆"命令，分别绘制 *R*71.5 和 *R*54 两个辅助圆（两辅助圆分别是 φ35 和 φ12 两已知圆的同心圆），如图 4-75 所示。

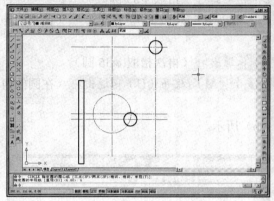

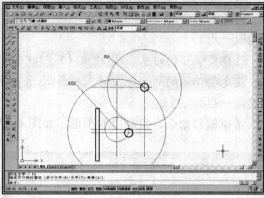

图 4-74　绘制已知圆弧及矩形（二）　　　　图 4-75　绘制中间圆弧（一）

以两辅助圆交点为圆心，绘制半径为 54 的点画线圆，如图 4-76（a）所示。

用"删除"和"修剪"命令对图形进行整理后，如图 4-76（b）所示。

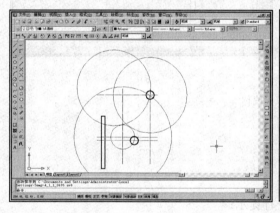

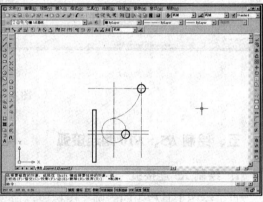

（a）　　　　　　　　　　　　　　　　　（b）

图 4-76　绘制中间圆弧（二）

### 四、偏移

选择当前层为"1 粗实线"层。

点击修改工具栏中的"偏移"图标，命令行提示：

指定偏移距离或[通过（T）/删除（E）/图层（L）]<通过>: 4✓

选择要偏移的对象，或[退出（E）/放弃（U）]<退出>:（拾取 *R*54 圆弧）

指定要偏移的那一侧上的点，或[退出（E）/多个（M）/放弃（U）]<退出>:（在弧的一侧拾取一点）

**115**

选择要偏移的对象，或[退出（E）/放弃（U）]<退出>：（再次拾取 R54 圆弧）

指定要偏移的那一侧上的点，或[退出（E）/多个（M）/放弃（U）]<退出>：（在弧另一侧拾取一点）

绘制出的图形，如图 4-77（a）所示。

系统继续提示：

选择要偏移的对象，或[退出（E）/放弃（U）]<退出>：（拾取 φ35 圆）

指定要偏移的那一侧上的点，或[退出（E）/多个（M）/放弃（U）]<退出>：（在圆的外侧拾取一点）

选择要偏移的对象，或[退出（E）/放弃（U）]<退出>：（再次拾取 φ35 圆）

指定要偏移的那一侧上的点，或[退出（E）/多个（M）/放弃（U）]<退出>：（在圆的内侧拾取一点）

结束偏移命令，绘制出的图形，如图 4-77（b）所示。

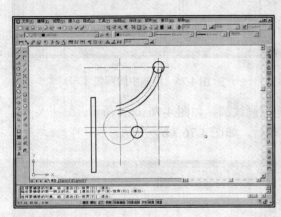 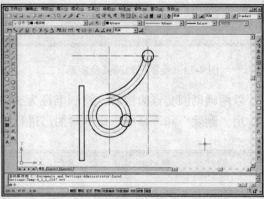

（a）　　　　　　　　　　　（b）

图 4-77　偏移

## 五、绘制 *R*5、*R*10 两连接弧

### 1. 绘制 *R*5 连接弧

点击绘图工具栏中的"圆"图标⊙，命令行提示：

命令：circle 指定圆的圆心或[三点（3P）/两点（2P）/相切、相切、半径（T）]：t↙

指定对象与圆的第一个切点：[移动光标至图 4-78（a）所示圆弧上指定一点]

指定对象与圆的第二个切点：（移动光标至矩形右边框上指定一点）

指定圆的半径：5↙

绘制出半径为 5 的连接弧，如图 4-78（b）所示。

提示：拾取点位置的不同，将直接影响所绘圆的位置。在矩形右边框上指定点时，一定要尽量靠上方拾取。如果拾取点偏下，则会出现不同的结果，读者可通过试作，观察结果。

### 2. 绘制 *R*10 连接弧

重复"圆"命令，用"相切、相切、半径"方式，绘制出下方半径为 10 的圆弧，如图 4-79（a）所示。

**116**

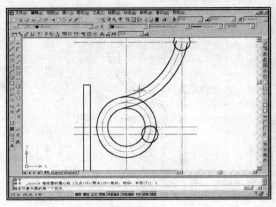

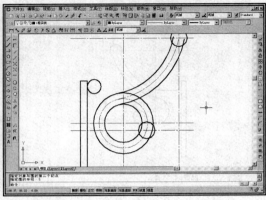

（a）

（b）

图 4-78　绘制 R5 连接弧

点击修改工具栏中的"延伸"图标 ，命令行提示：

当前设置：投影=视图，边=无

选择边界的边…

选择对象或<全部选择>：（拾取 R5 圆作为边界）

选择对象：（点击右键，结束拾取）

选择要延伸的对象，或按住 Shift 键选择要修剪的对象，或

[栏选（F）/窗交（C）/投影（P）/边（E）/放弃（U）]：［拾取图 4-78（a）所示的圆弧］

延伸后的图形，如图 4-79（b）所示。

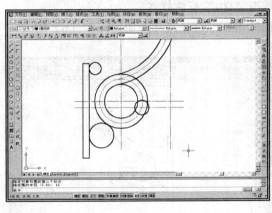

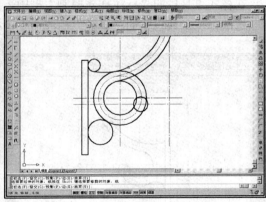

（a）

（b）

图 4-79　绘制 R10 连接弧

## 六、整理图形

用"修剪"命令，去除图中的多余图线，如图 4-80（a）所示。

用"拉长"命令中的"动态"拉长方式，整理图中的点画线，如图 4-80（b）所示。

**117**

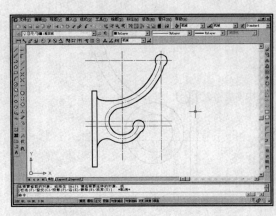
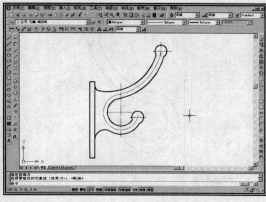

（a）　　　　　　　　　　　　　（b）

图 4-80　整理图形

## 七、标注尺寸

### 1. 标注线性尺寸

选择当前层为"5 尺寸"层。

在样式工具栏的"标注样式控制"框中，选取"JZ"标注样式。

选取标注工具栏中的"线性"标注、"继续"标注、"对齐"标注等方式，标注出全部线性尺寸，如图 4-81（a）所示。

### 2. 标注直径尺寸

在样式工具栏的"标注样式控制"框中，选取"GB"标注样式。

选取标注工具栏中的"直径"标注命令，标注出全部直径尺寸，如图 4-81（b）所示。

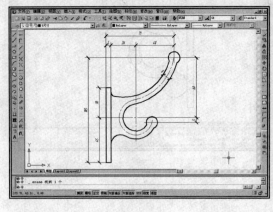
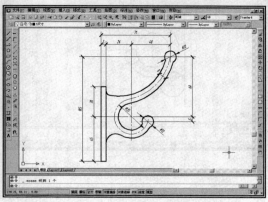

（a）　　　　　　　　　　　　　（b）

图 4-81　标注尺寸（一）

### 3. 标注半径尺寸

选取标注工具栏中的"半径"标注命令，标注出全部半径尺寸，如图 4-82 所示。

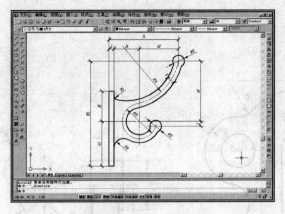

图 4-82 标注尺寸（二）

## 八、存储文件

### 1. 范围缩放

检查全图确认无误后，键入命令：z✓

[全部（A）/中心点（C）/动态（D）/范围（E）/上一个（P）/比例（S）/窗口（W）]<实时>: e✓

所绘图形充满屏幕。

### 2. 存储文件

点击标准工具栏中的"保存"图标 ⊟，存储文件。

# 练习题（四）

① 按 1:1 比例，绘制题图 4-1～题图 4-5 所示平面图形，并标注尺寸。

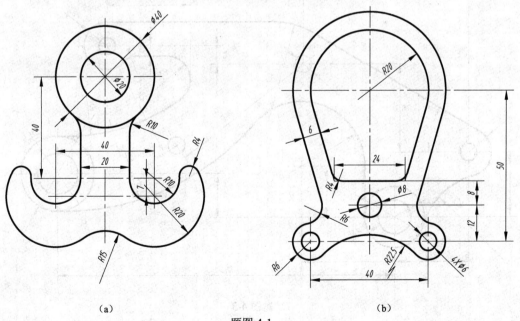

（a）　　　　　　　　　　　　　　　（b）

题图 4-1

**119**

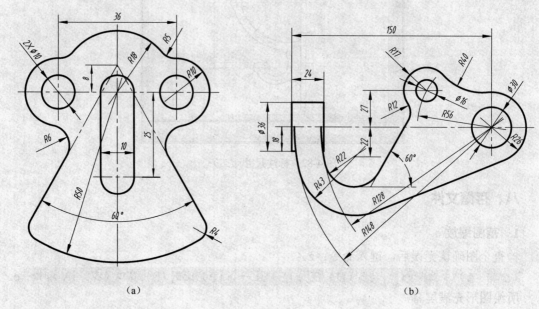

(a)                                    (b)

题图 4-2

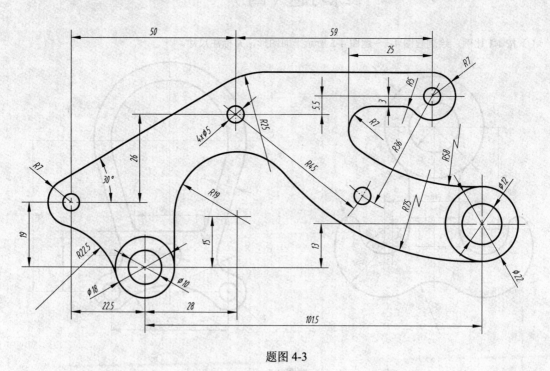

题图 4-3

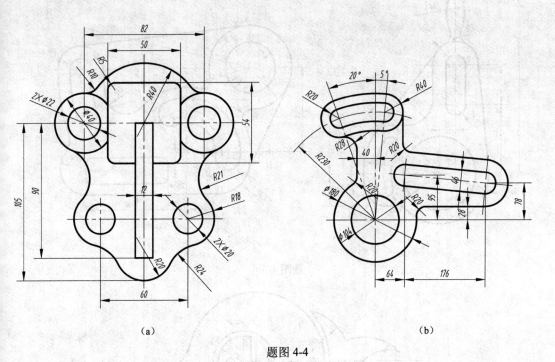

（a）                                                       （b）

题图 4-4

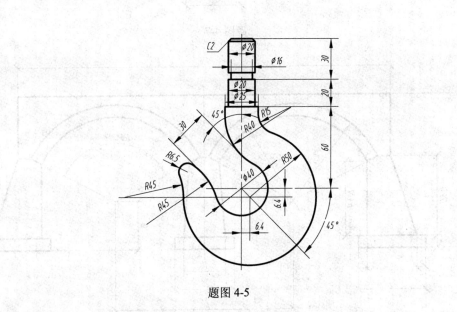

题图 4-5

② 按 1:2 比例，绘制题图 4-6 所示图形，并标注尺寸。

③ 按 1:1 比例，绘制题图 4-7、题图 4-8 所示图形，并标注尺寸。

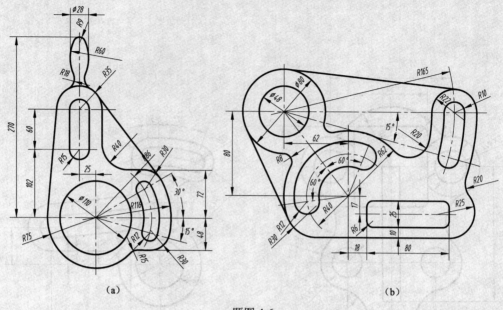

（a） （b）

题图 4-6

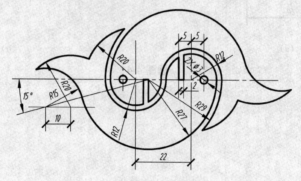

题图 4-7

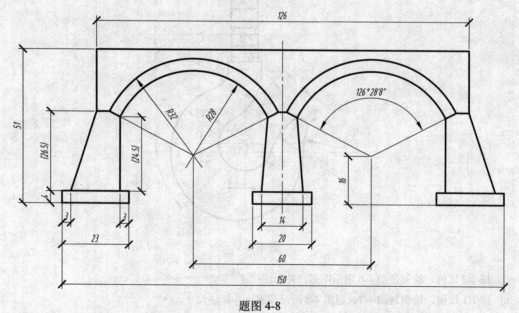

题图 4-8

# 第五章　视图的绘制方法

**本章要点**　绘制视图的关键，是要保证所绘制的视图之间符合"长对正、高平齐、宽相等"的三等关系。通过完成工业产品类 CAD 技能一级考试模拟题的实际操作，熟练地运用 AutoCAD 的对象捕捉与对象追踪功能，掌握绘制视图的方法和操作技巧。

## 第一节　补画第三视图

◆ **题目**

按 2:1 的比例，抄画图 5-1 所示的主、俯视图，补画左视图（不标注尺寸）。

◆ **本题知识点**

三视图之间的投影规律，保证三视图间投影规律的方法。

◆ **绘图前的准备**

① 设置绘图单位：mm。

② 设置单位精度：0.00。

③ 设置图形界限：420 mm×297 mm，并在屏幕上全部显示图形界限。

④ 设置线型：加载线型 CENTER、ACAD_ISO02W100。

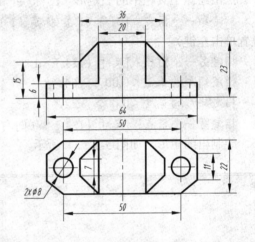

图 5-1　已知主、俯视图，补画左视图

⑤ 设置线型比例：0.33。

⑥ 设置图层："1 粗实线"层，"3 点画线"层，"4 虚线"层。

⑦ 设置工具栏：开启"对象捕捉"，并将其拖动到合适位置。

⑧ 设置自动捕捉：点击"对象捕捉"工具栏最下方的"对象捕捉设置"按钮 ，在"草图设置"对话框中选择"对象捕捉"选项卡，勾选"启用对象捕捉"和"启用对象捕捉追踪"复选框，并在"对象捕捉模式"选项组中勾选端点、中点、圆心和交点四种常用的对象捕捉模式。

⑨ 保存文件：点击标准工具栏中的"保存"图标 ，弹出"另存文件"对话框。在"另存文件"对话框中的文件名输入框内输入一个文件名，点击 保存(S) 按钮。

提示：本例要求按 2:1 的比例绘图，但为使作图方便、快捷，应先按图中所注尺寸 1∶1 绘制图形。待图形绘制完成后，再进行比例缩放，使之达到题目要求。

## 一、形体分析

由已知的主、俯视图可知，该形体的原始形状为倒置"T"型柱，如图 5-2（a）所示。

该形体的组合形式为切割，先用铅垂面，在其上、下分别对称地切去四个角，如图 5-2（b）所示。再用正垂面，在其上部对称地切去两个角，如图 5-2（c）所示。最后在下部对称地挖去两个圆柱形孔，如图 5-2（d）所示。

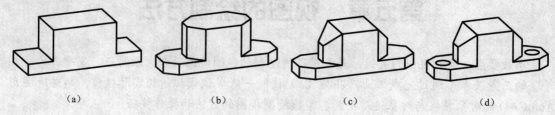

（a）　　　　　　　　（b）　　　　　　　　（c）　　　　　　　　（d）

图 5-2　形体分析

## 二、绘制俯视图

### 1. 绘制矩形

将"1 粗实线"层设置为当前层。

点击绘图工具栏中的"矩形"图标 □，命令行提示：

指定第一个角点或[倒角（C）/标高（E）/圆角（F）/厚度（T）/宽度（W）]：（在适当位置单击左键）

指定另一个角点或[尺寸（D）]：d↙

指定矩形的长度＜0.00＞：64↙

指定矩形的宽度＜0.00＞：22↙

指定另一个角点或[尺寸（D）]：（向右上移动光标，单击左键）

绘制出的矩形，如图 5-3（a）所示。

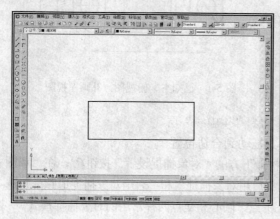
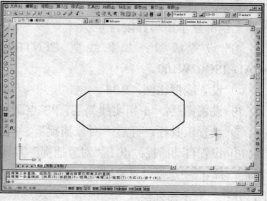

（a）　　　　　　　　　　　　　　　（b）

图 5-3　绘制俯视图（一）

### 2. 绘制倒角

点击修改工具栏中的"倒角"图标 □，命令行提示：

（"修剪"模式）当前倒角距离1=0，距离2=0（显示当前修剪模式和倒角边的大小）

选择第一条直线或[放弃（U）/多段线（P）/距离（D）/角度（A）/修剪（T）/方式（E）/多个（M）]：d↙

指定第一个倒角距离<0>: 5（输入第一个倒角距离数值）

指定第二个倒角距离<5>: 7（输入第二个倒角距离数值）

选择第一条直线或[放弃（U）/多段线（P）/距离（D）/角度（A）/修剪（T）/方式（E）/多个（M）]: m↙（绘制多个倒角）

选择第一条直线或[放弃（U）/多段线（P）/距离（D）/角度（A）/修剪（T）/方式（E）/多个（M）]: （拾取矩形的某个短边）

选择第二条直线，或按住 Shift 键选择要应用角点的直线: （拾取与短边相邻的长边）

选择第一条直线或[放弃（U）/多段线（P）/距离（D）/角度（A）/修剪（T）/方式（E）/多个（M）]:

重复上述操作，绘制出全部倒角，如图 5-3（b）所示。

### 3. 绘制对称线

将"3 中心线"层设置为当前层。

点击绘图工具栏中的"直线"图标 ✐，命令行提示:

指定第一点（捕捉矩形水平线的中点为追踪起点，向上移动光标，引出 90°追踪线）5↙（点画线超出图形轮廓 5 mm）

指定下一点或 [ 放弃（U）] : （开启"正交"模式，向下移动光标）32↙（结束命令）

### 4. 绘制圆及其中心线

将"1 粗实线"层设置为当前层。

点击绘图工具栏中的"圆"图标 ⊙，命令行提示:

指定圆的圆心或[三点（3P）/两点（2P）/相切、相切、半径（T）]: （捕捉对称线的中点为追踪起点，向左移动光标，引出 180°追踪线）25↙

指定圆的半径或[直径（D）]: 4↙

将"3 中心线"层设置为当前层。

点击绘图工具栏中的"直线"图标 ✐，捕捉圆心为追踪起点，绘制出圆的中心线，如图 5-4（a）所示。

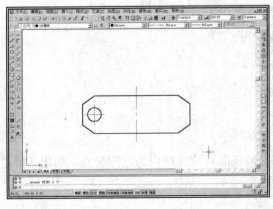

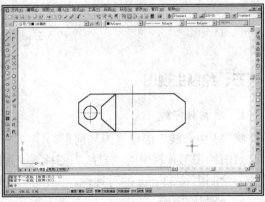

(a)                                    (b)

图 5-4  绘制俯视图（二）

**5. 绘制梯形线框**

将"1粗实线"层设置为当前层。

点击绘图工具栏中的"直线"图标 ✎，命令行提示：

指定第一点：（捕捉对称线与下轮廓线的交点为追踪起点，向左移动光标，引出过追踪起点的180°追踪线）10↙

指定下一点或［放弃（U）］：@-8，7.5↙

指定下一点或［放弃（U）］：（向上移动光标）7↙

指定下一点或［放弃（U）］：@8，7.5↙

指定下一点或［闭合（C）/放弃（U）］：C↙

绘制完成的图形，如图5-4（b）所示。

**6. 镜像出右侧轮廓**

点击修改工具栏中的"镜像"图标 ⚏，命令行提示：

选择对象：（拾取左侧圆、中心线、梯形线框等7个对象）

选择对象：（点击右键，结束拾取）

指定镜像线的第一点：（拾取竖直对称线上的一点）

指定镜像线的第二点：（拾取竖直对称线上的另一点）

是否删除源对象？[是（Y）/否（N)]<N>: ↙

镜像后的图形，如图5-5所示。

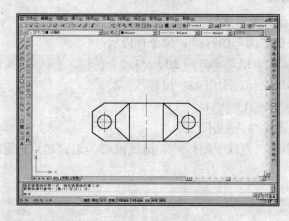

图5-5　绘制俯视图（三）

## 三、绘制主视图

**1. 绘制对称线**

将"3中心线"层设置为当前层。

点击绘图工具栏中的"直线"图标 ✎，捕捉俯视图对称线端点为追踪起点，引出90°追踪线，绘制出长33 mm的对称线。

**2. 绘制轮廓线**

将"1粗实线"层设置为当前层。

点击绘图工具栏中的"直线"图标 ✎，命令行提示：

**指定第一点：**（捕捉对称线的下端点作为追踪起点，向上移动光标，引出90°追踪线）5↙

**指定下一点或［放弃（U）］：**［捕捉俯视图最左上角点，待出现端点标记后，向上移动光标，引出90°追踪线，如图5-6（a）所示，单击左键］

**指定下一点或［放弃（U）］：**（向上移动光标）6↙

**指定下一点或［放弃（U）］：**［捕捉俯视图上的交点后向上移动光标，引出90°追踪线，如图5-6（b）所示，单击左键］

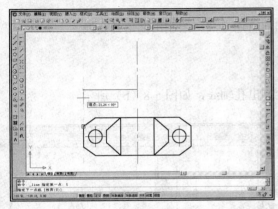

(a)

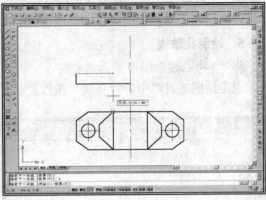

(b)

图 5-6　绘制主视图（一）

**指定下一点或［放弃（U）］：**（向上移动光标）17↙

**指定下一点或［放弃（U）］：**@-8,-8↙

**指定下一点或［放弃（U）］：**（向下移动光标）9↙（结束命令）

完成的图形，如图5-7（a）所示。

### 3. 绘制孔轮廓线

将"4 虚线"层设置为当前层。

点击绘图工具栏中的"直线"图标✎，命令行提示：

**指定第一点：**（捕捉俯视图上圆的左象限点作为追踪起点，向上移动光标，引出90°追

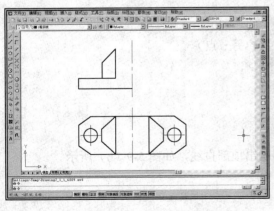

(a)

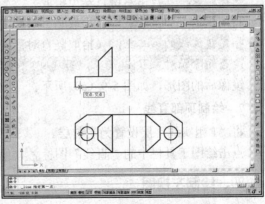

(b)

图 5-7　绘制主视图（二）

踪线。待出现如图5-7（b）所示的追踪线与轮廓线交点标记时，单击左键）

指定下一点或 ［放弃（U）］：（向上移动光标）6↙（绘制出孔的最左轮廓线，结束命令）

重复上述操作，绘制出孔的最右轮廓线。

结束命令后的图形，如图5-8（a）所示。

### 4. 绘制倒角处交线

将"1 粗实线"层设置为当前层。

点击绘图工具栏中的"直线"图标✎，如前所述方法，绘制出倒角处交线。

### 5. 绘制孔轴线

将"3 中心线"层设置为当前层。

点击绘图工具栏中的"直线"图标✎，绘制出孔轴线，如图5-8（b）所示。

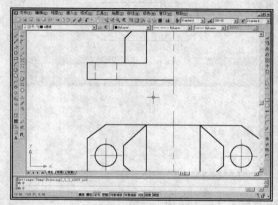 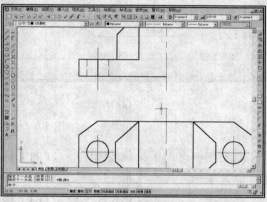

（a）　　　　　　　　　　　　　（b）

图5-8　绘制主视图（三）

### 6. 镜像出右侧轮廓

点击修改工具栏中的"镜像"图标⚏，命令行提示：

选择对象：（拾取左侧轮廓）

选择对象：（点击右键，结束拾取）

指定镜像线的第一点：（拾取竖直对称线上的一点）

指定镜像线的第二点：（拾取竖直对称线上的另一点）

是否删除源对象？[是（Y）/否（N）]<N>：↙

镜像后的图形，如图5-9（a）所示。

### 7. 绘制顶部直线

将"1 粗实线"层设置为当前层。

点击绘图工具栏中的"直线"图标✎，绘制出顶部直线，如图5-9（b）所示。

## 四、绘制左视图

### 1. 绘制135°辅助线

点击主菜单中的【工具】→【草图设置】，在"草图设置"对话框的"极轴追踪"选项卡

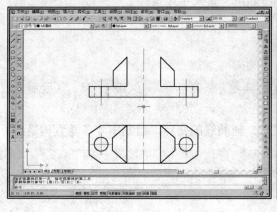

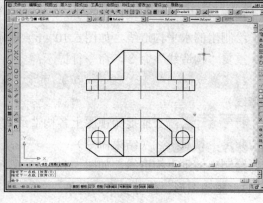

（a） （b）

图 5-9　绘制主视图（四）

中将极轴角设置为"45"。

　　点击绘图工具栏中的"直线"图标 ✏，在俯视图右上方适当位置确定第一点，拉出 315°追踪线，至适当长度单击左键，如图 5-10（a）所示。

**2. 绘制投影连线**

　　点击绘图工具栏中的"构造线"图标 ✏，命令行提示：

<mark>指定点或[水平（H）/垂直（V）/角度（A）/二等分（B）/偏移（O）]:</mark>

选项说明

- 指定点　　该选项为系统的默认选项。可以指定某点为构造线上的一点。
- 水平（H）　　若键入 h↙，可以绘制水平的构造线。
- 垂直（V）　　若键入 v↙，可以绘制垂直的构造线。
- 角度（A）　　若键入 a↙，可以通过输入角度，绘制倾斜的构造线。
- 二等分（B）　　若键入 b↙，可以使绘制的构造线成为指定角的等分线。
- 偏移（O）　　若键入 o↙，可以使绘制的构造线成为指定直线的平行线。

　　本例先绘制过俯视图的投影连线，故键入 h↙，命令行继续提示：

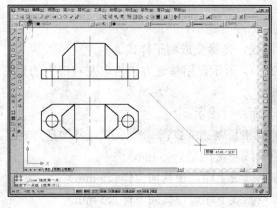

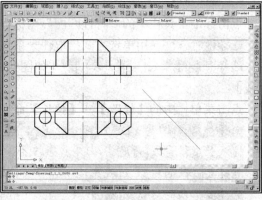

（a） （b）

图 5-10　绘制左视图（一）

**129**

**指定通过点：**（捕捉主、俯视图上交点，绘制出 8 条水平构造线）

**指定通过点：** ↙（结束命令）

绘制出的水平构造线，如图 5-10（b）所示。

重复"构造线"命令，命令行提示：

**指定点或[水平（H）/垂直（V）/角度（A）/二等分（B）/偏移（O）]：** V↙（绘制垂直构造线）

**指定通过点：**（捕捉俯视图上各构造线与 135°辅助线的交点，绘制出 4 条垂直构造线）

**指定通过点：** ↙（结束命令）

绘制出的垂直构造线，如图 5-11（a）所示。

### 3. 整理图形，修剪多余的线条

点击修改工具栏上的"修剪"图标—，修剪多余线条。

点击修改工具栏中的"删除"图标✎，删除俯视图上的构造线。

整理后的图形，如图 5-11（b）所示。

用直线命令，绘制出左上角斜线。

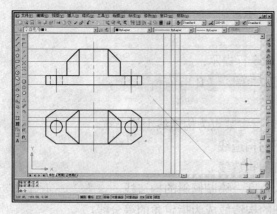 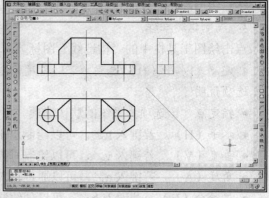

（a）　　　　　　　　　　　　　　　（b）

图 5-11　绘制左视图（二）

### 4. 特性修改

点击标准工具栏中的"特性匹配"图标✎，命令行提示：

**选择源对象：**（用单选方式拾取任一条点画线，光标变成刷子样式🔳）

**选择目标对象或[设置（S）]：**［如图5-12（a）所示，用单选方式拾取左视图上的最右直线］

点击菜单栏中的【修改】→【拉长】命令，命令行提示：

**选择对象或[增量（DE）/百分数（P）/全部（T）/动态（DY）]：** de↙（选择增量方式）

**输入长度增量或[角度（A）]<0>：** 5↙（点画线超出图形3～5 mm）

**选择要修改的对象或[放弃（U）]：**（拾取点画线上端，使其向上伸长5 mm）

**选择要修改的对象或[放弃（U）]：**（拾取点画线下端，使其向下伸长5 mm）

**选择要修改的对象或[放弃（U）]：** ↙（结束命令）

修改后的图形，如图 5-12（b）所示。

**130**

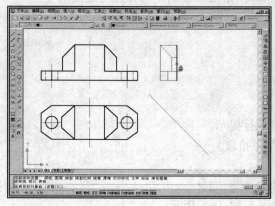 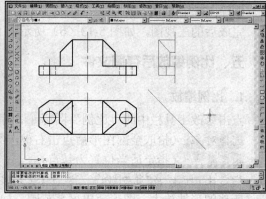

（a）　　　　　　　　　　　　　　　（b）

图 5-12　绘制左视图（三）

### 5. 镜像出右侧轮廓

使用"特性匹配"命令，把已绘制的左半部分轮廓修改为粗实线。

点击修改工具栏中的"镜像"图标，命令行提示：

选择对象：（拾取左半部轮廓线）

选择对象：（点击右键，结束拾取）

指定镜像线的第一点：（拾取竖直对称线上的一点）

指定镜像线的第二点：（拾取竖直对称线上的另一点）

是否删除源对象？[是（Y）/否（N）]<N>：↙

镜像后的图形，如图 5-13（a）所示。

### 6. 复制小孔轮廓线

点击修改工具栏中的"复制"图标，命令行提示：

选择对象：（从主视图上拾取小孔的两条虚线）

选择对象：（点击右键，结束对象拾取，命令行继续提示）

指定基点或[位移（D）]<位移>：（指定孔轴线与底面的交点为基点）

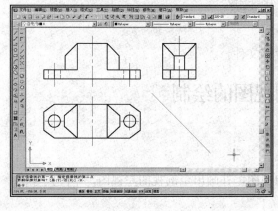 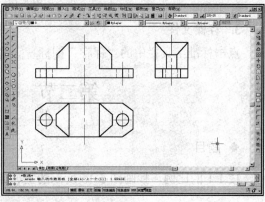

（a）　　　　　　　　　　　　　　　（b）

图 5-13　绘制左视图（四）

**指定第二个点或 <使用第一个点作为位移>:**（指定左视图上对称线与底面的交点）

删除 135°辅助线。

完成后的三视图，如图 5-13（b）所示。

### 五、比例缩放后存储文件

#### 1. 比例缩放

点击修改工具栏中的"比例"图标，命令行提示：

**选择对象:**（拾取全部图形后点击右键，结束拾取）

**指定基点:**（指定适当位置为基点）

**指定比例因子或[复制（C）/参照（R）]<1.0000>:** 2✓

所选图形被放大，图形超出屏幕范围，如图 5-14（a）所示。

#### 2. 显示图形

检查全图确认无误后，键入命令：z✓

**[全部（A）/中心点（C）/动态（D）/范围（E）/上一个（P）/比例（S）/窗口（W）]**

**<实时>:** e✓

所绘图形充满屏幕，如图 5-14（b）所示。

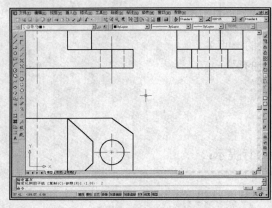

(a)

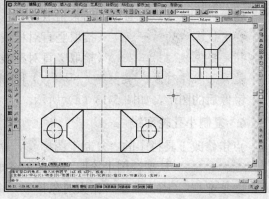

(b)

图 5-14　比例缩放

#### 3. 存储文件

点击标准工具栏中的"保存"图标，存储文件。

# 第二节　剖视图的绘制

◆ **题目**

按 1:1 的比例，抄画图 5-15 所示的主、俯视图，补画出全剖视的左视图，不注尺寸。

◆ **本题知识点**

图案填充的方法。

**132**

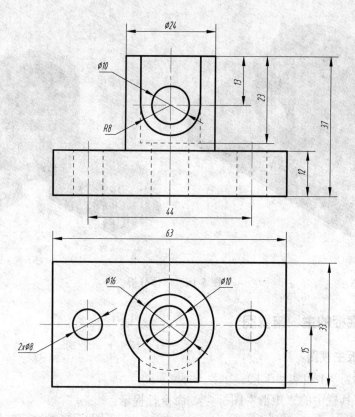

图 5-15　补画出全剖的左视图

◆ **绘图前的准备**

① 设置绘图单位：mm。

② 设置单位精度：0.00。

③ 设置图形界限：420 mm×297 mm，并在屏幕上全部显示图形界限。

④ 设置线型：加载线型 CENTER、ACAD_ISO02W100。

⑤ 设置线型比例：0.33。

⑥ 设置图层："1 粗实线"层，"3 点画线"层，"4 虚线"层，"7 剖面线"层。

⑦ 设置工具栏：开启"对象捕捉"，并将其拖动到合适位置。

⑧ 设置自动捕捉：点击"对象捕捉"工具栏最下方的"对象捕捉设置"按钮 🔏，在"草图设置"对话框中选择"对象捕捉"选项卡，勾选"启用对象捕捉"和"启用对象捕捉追踪"复选框，并在"对象捕捉模式"选项组中勾选端点、中点、圆心和交点四种常用的对象捕捉模式。

⑨ 保存文件：点击标准工具栏中的"保存"图标 🖫，弹出"另存文件"对话框。在"另存文件"对话框中的文件名输入框内输入一个文件名，点击 保存(S) 按钮。

## 一、形体分析

该形体的组合形式为综合型，其主体由四棱柱形底板与圆柱叠加而成。在圆柱的正前方，有一 U 形柱与之相交，如图 5-16（a）所示。由主视图上的虚线可知，沿圆柱轴线切割出大的阶梯孔，在底板两侧对称地切割出小的阶梯孔。在形体正前方，由前向后切制一个直径为 10 的圆柱孔，该孔与大阶梯孔垂直相交，如图 5-16（b）所示。

(a)                                           (b)

图 5-16    形体分析

## 二、绘制底板的主、俯视图

### 1. 绘制底板主视图

设置当前层为"1 粗实线"层。

点击绘图工具栏中的"矩形"图标 ⊡，命令行提示：

指定第一个角点或[倒角（C）/标高（E）/圆角（F）/厚度（T）/宽度（W）]：（在适当位置单击左键）

指定另一个角点或[尺寸（D）]：d↙

指定矩形的长度<0.00>：63↙

指定矩形的宽度<0.00>：12↙

指定另一个角点或[尺寸（D）]：（向右上移动光标，单击左键）

绘制出底板的主视图。

### 2. 绘制底板俯视图

重复"矩形"命令，命令行提示：

指定第一个角点或[倒角（C）/标高（E）/圆角（F）/厚度（T）/宽度（W）]：（捕捉主视图上矩形的左下角点，待出现端点标记后向下移动光标，引出图 5-17（a）所示的 270°追踪线后单击左键）

指定另一个角点或[尺寸（D）]：d↙

指定矩形的长度<0.00>：63↙

指定矩形的宽度<0.00>：33↙

指定另一个角点或[尺寸（D）]：（向右下移动光标，单击左键）

绘制出的底板的主、俯视图，如图 5-17（b）所示。

## 三、绘制圆柱的主、俯视图

### 1. 绘制圆柱俯视图

点击绘图工具栏中的"圆"图标 ⊘，命令行提示：

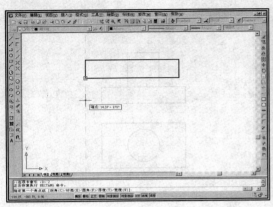
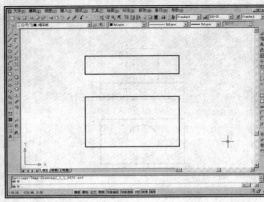

(a)                                        (b)

图 5-17  绘制底板的主、俯视图

**指定圆的圆心或[三点（3P）/两点（2P）/相切、相切、半径（T）]:**（先后捕捉矩形两相邻边的中点，引出图 5-18（a）所示的 0°、270°追踪线后单击左键）

**指定圆的半径或[直径（D）]:** 12✓

将"3 中心线"层设置为当前层，并开启"正交"方式。

点击绘图工具栏中的"直线"图标 ∕，捕捉圆心为追踪起点，绘制俯视图上的两条对称线。

绘制出的图形，如图 5-18（b）所示。

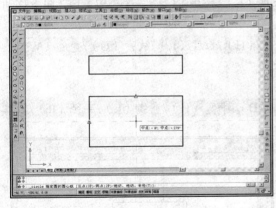
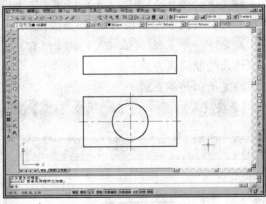

(a)                                        (b)

图 5-18  绘制圆柱的主、俯视图（一）

## 2. 绘制圆柱主视图

将"1 粗实线"层设置为当前层。

点击绘图工具栏中的"直线"图标 ∕，捕捉俯视图上圆的左右象限点为追踪起点，绘制圆柱的主视图，如图 5-19（a）所示。

将"3 中心线"层设置为当前层。

重复"直线"命令，绘制出主视图上的对称线，如图 5-19（b）所示。

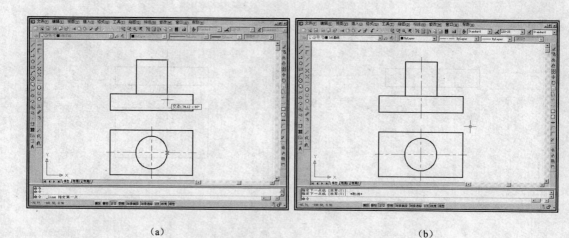

（a）                                                    （b）

图 5-19　绘制圆柱的主、俯视图（二）

### 四、绘制 U 型柱的主、俯视图

#### 1. 绘制 U 型柱主视图

将"1 粗实线"层设置为当前层。

点击绘图工具栏中的"多段线"图标 ，命令行提示：

指定起点：[捕捉主视图上圆柱顶面的中点为追踪起点，向右移动光标，引出 0°追踪线，如图 5-20（a）所示] 8 ↙（指定多段线起点）

指定下一个点或[圆弧（A）/半宽（H）/长度（L）/放弃（U）/宽度（W）]：（向下移动光标）13 ↙（向下绘制长为 13 的直线段）

指定下一个点或[圆弧（A）/闭合（C）/半宽（H）/长度（L）/放弃（U）/宽度（W）]：a ↙（转为绘制圆弧方式）

指定圆弧的端点或

[角度（A）/圆心（CE）/闭合（CL）/方向（D）/半宽（H）/直线（L）/半径（R）/第二

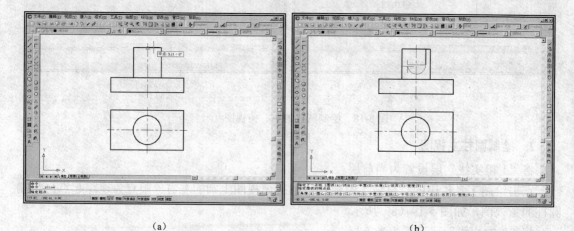

（a）                                                    （b）

图 5-20　绘制 U 型柱的主、俯视图（一）

个点（S）/放弃（U）/宽度（W）]：[向左移动光标，如图 5-20（b）所示]16✓（绘制出下部圆弧）

指定圆弧的端点或

[角度（A）/圆心（CE）/闭合（CL）/方向（D）/半宽（H）/直线（L）/半径（R）/第二个点（S）/放弃（U）/宽度（W）]：l✓（转为绘制直线方式）

指定下一个点或[圆弧（A）/半宽（H）/长度（L）/放弃（U）/宽度（W）]：（向上移动光标）13✓

指定下一个点或[圆弧（A）/半宽（H）/长度（L）/放弃（U）/宽度（W）]：✓（结束命令）

绘制出 U 型柱的主视图，如图 5-21（a）所示。

将"3 点画线"层设置为当前层。

用"直线"命令，捕捉圆心，绘制出圆弧的水平中心线，如图 5-21（b）所示。

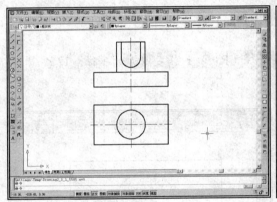
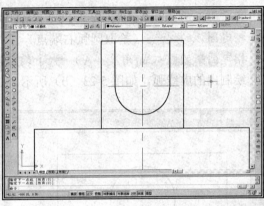

（a）　　　　　　　　　　　　　（b）

图 5-21　绘制 U 型柱的主、俯视图（二）

## 2. 绘制 U 型柱俯视图

将"1 粗实线"层设置为当前层。

点击绘图工具栏中的"直线"图标 ✐，捕捉俯视图上圆心为追踪起点，引出 270°追踪线，如图 5-22（a）所示。命令行提示：

指定第一点：15✓

指定下一点或[放弃（U）]：（向右移动光标）8✓

指定下一点或[放弃（U）]：（向上移动光标）15✓

绘制出的图形，如图 5-22（b）所示。

用修改工具栏中的"镜像"命令，复制出 U 型柱左侧轮廓。

用修改工具栏中的"修剪"命令，剪除多余线段。

修改后的俯视图，如图 5-23（a）所示。

将"4 虚线"层设置为当前层。

点击主菜单中的【绘图】→【圆弧】→【起点、端点、半径】命令，命令行提示：

指定圆弧的起点或[圆心（C）]：（拾取圆弧左端点）

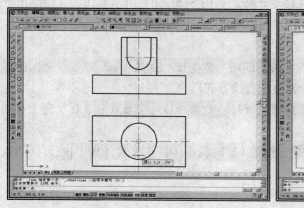
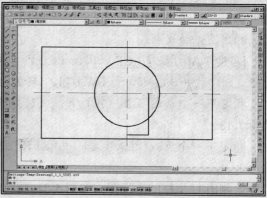

（a）　　　　　　　　　　　　　　　（b）

图 5-22　绘制 U 型柱的主、俯视图（三）

指定圆弧的第二个点或[圆心（C）/端点（E）]:

指定圆弧的端点:（拾取圆弧右端点）

指定圆弧的圆心或[角度（A）/方向（D）/半径（R）]_r 指定圆弧的半径: 12✓

绘制出的虚线弧，如图 5-23（b）所示。

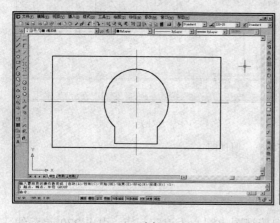
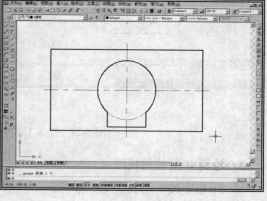

（a）　　　　　　　　　　　　　　　（b）

图 5-23　绘制 U 型柱的主、俯视图（四）

提示：输入半径为正值时，系统按逆时针方向画圆心角小于 180° 的圆弧。当输入半径为负值时，系统按逆时针方向画圆心角大于 180° 的圆弧。

### 五、绘制孔的主、俯视图

**1. 绘制各孔投影为圆的视图**

将"1 粗实线"层设置为当前层。

用绘图工具栏中的"圆"命令，绘制出各孔投影为圆的视图，如图 5-24（a）所示。

**2. 绘制各孔投影不为圆的视图**

将"4 虚线"层设置为当前层。

用绘图工具栏中的"直线"命令，绘制出各孔投影不为圆的视图，如图 5-24（b）所示。最后在"3 点画线"层，用"直线"命令绘制孔的中心线及轴线。

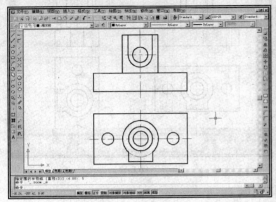 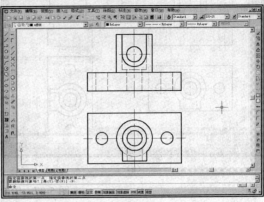

（a）　　　　　　　　　　　　　　　　　（b）

图 5-24　绘制孔的主、俯视图

## 六、补画全剖视的左视图

### 1. 复制俯视图

点击"复制"图标 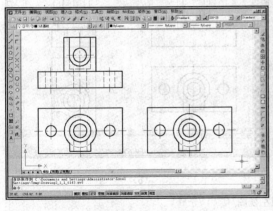，拾取俯视图为复制对象，将其向右复制一个，如图 5-25 所示。

### 2. 旋转俯视图

点击"旋转"图标 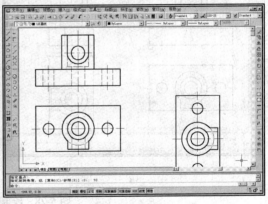，拾取复制的俯视图为旋转对象，将其旋转 90°，如图 5-26 所示。

图 5-25　复制俯视图　　　　　　　图 5-26　旋转俯视图

### 3. 绘制左视图外轮廓线

将"1 粗实线"层设置为当前层。

点击绘图工具栏中的"直线"图标 ，用"对象捕捉"和"对象追踪"方式，按主、左视图与俯、左视图的投影关系，画出左视图的外轮廓线，如图 5-27（a）所示。

### 4. 绘制左视图内部轮廓线

重复"直线"命令，用"对象捕捉"和"对象追踪"方式，按主、左视图与俯、左视图

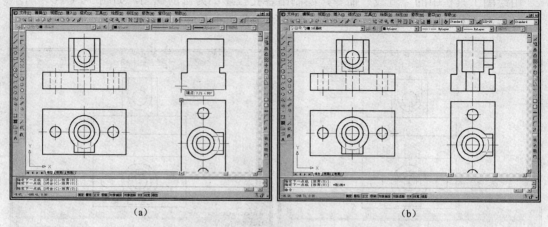

(a)                           (b)

图 5-27　绘制左视图（一）

的投影关系，画出左视图的内部轮廓线，并在"3 点画线"层绘制孔轴线，如图 5-27（b）所示。

点击主菜单中的【绘图】→【圆弧】→【三点】命令，命令行提示：

指定圆弧的起点或[圆心（C）]：（拾取两孔轮廓线的一个交点作为圆弧的起点）

指定圆弧的第二个点或[圆心（C）/端点（E）]：[如图 5-28（a）所示，按投影关系指定圆弧的第二个点]

指定圆弧的端点：（拾取两孔轮廓线的另一个交点）

绘制完成的孔相贯线，如图 5-28（b）所示。

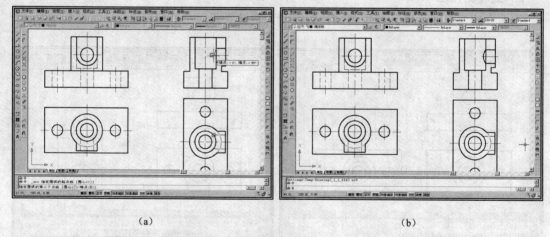

(a)                           (b)

图 5-28　绘制左视图（二）

用"修剪"命令，剪除相贯部位的孔轮廓线。

## 七、图案填充

图案填充的功能是将选定的填充图案（或自定义图案）填充到指定的区域，系统并自动识别边界。

点击绘图工具栏中的"图案填充"图标，弹出"图案填充和渐变色"对话框，如图 5-29 所示。

图案填充和渐变色

图案填充 | 渐变色 |

类型和图案
类型(Y): 预定义
图案(P): ANGLE
样例:
自定义图案(M):

角度和比例
角度(G): 0
比例(S): 1
□ 双向(U)
□ 相对图纸空间(E)
间距(C): 1
ISO 笔宽(O):

图案填充原点
● 使用当前原点(T)
○ 指定的原点
□ 单击以设置新原点
□ 默认为边界范围(X) 左下
□ 存储为默认原点(F)

边界
添加:拾取点
添加:选择对象
删除边界(D)
重新创建边界(R)
查看选择集(V)

选项
☑ 关联(A)
□ 创建独立的图案填充(H)
绘图次序(W): 置于边界之后

继承特性

预览    确定    取消    帮助

图 5-29　"图案填充和渐变色"对话框

在"类型和图案"选择框中，点击"图案"选项右边的下拉箭头，从中选取填充图案的名称。

在"角度和比例"选择框中，可通过下拉箭头选择填充图案的倾斜角度和比例，也可在数据框中直接输入。

在"边界"选择框中，点击"拾取点"按钮，对话框暂时消失，系统返回到绘图状态，命令行提示：

拾取内部点或[选择对象（S）/删除边界（B）]：（用光标在需要填充的封闭区域内拾取一点，系统将自动搜索并生成最小封闭区域，其边界以虚线显示，如图 5-30 所示）

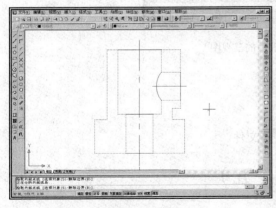

图 5-30　在封闭区域内拾取点后
区域边界变为虚线

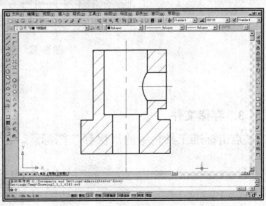

图 5-31　"图案填充"后的左视图

**拾取内部点或[选择对象（S）/删除边界（B）]：** ✓

系统返回到"图案填充和渐变色"对话框，点击对话框左下角的 预览 按钮，可预览图案的填充效果。如对填充效果满意，可✓或点击右键确定。如对填充效果不满意，可按 Esc 键或用光标在绘图区拾取任意一点，系统将返回到对话框，在对话框中进行修改，直至满意为止。

本例选用的填充图案为"ANSI31"，该图案是机械制图中最常用的 45° 剖面线的图案。填充后的左视图，如图 5-31 所示。

## 八、存储文件

### 1. 整理视图

点击修改工具栏中的"删除"图标 ✍，删除通过复制和旋转的俯视图。

点击修改工具栏中的"移动"图标 ✛，调整视图间的距离。

### 2. 显示图形

检查全图确认无误后，键入命令：z✓

**[全部（A）/中心点（C）/动态（D）/范围（E）/上一个（P）/比例（S）/窗口（W）]**
**<实时>：** e✓

所绘图形充满屏幕，如图 5-32 所示。

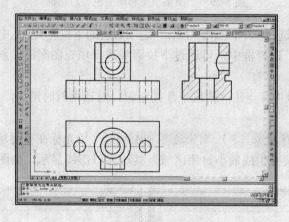

图 5-32　整理后的三视图

### 3. 存储文件

点击标准工具栏中的"保存"图标 🖫，存储文件。

# 练习题（五）

① 按 1:1 比例，绘制题图 5-1、题图 5-2 所示主、左两视图，补画俯视图（不标注尺寸）。

② 按 1:1 比例，绘制题图 5-3 所示两视图，补画第三视图（不标注尺寸）。

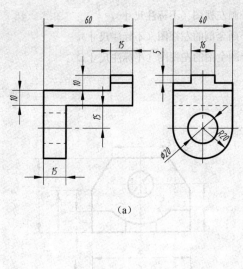

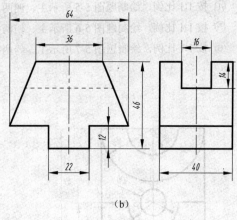

（a）　　　　　　　　　（b）

题图 5-1

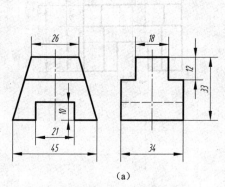

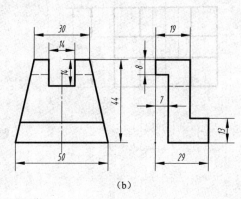

（a）　　　　　　　　　（b）

题图 5-2

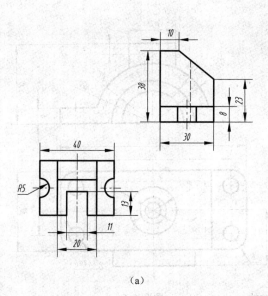

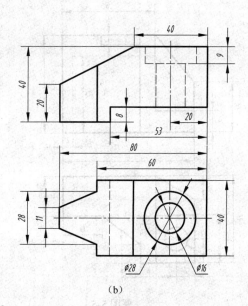

（a）　　　　　　　　　（b）

题图 5-3

③ 按 1:1 比例，绘制题图 5-4 所示主、俯两视图，补画左视图（不标注尺寸）。

④ 按 1:1 比例，绘制题图 5-5 所示主、俯两视图，补画左视图（不标注尺寸）。

⑤ 按 1:1 比例，绘制题图 5-6 所示主、俯两视图，补画全剖的左视图（不标注尺寸）。

⑥ 按 1:1 比例，绘制题图 5-7 所示主、俯两视图，补画全剖的左视图（不标注尺寸）。

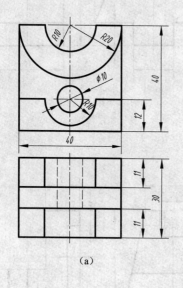

(a)

(b)

题图 5-4

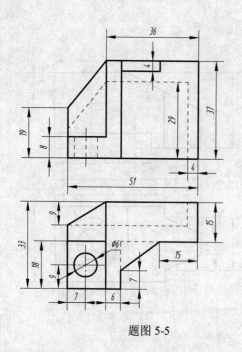

题图 5-5

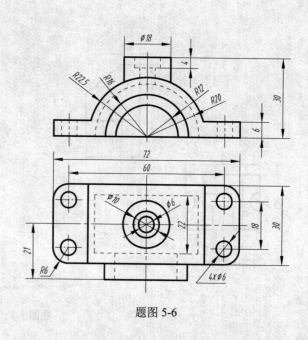

题图 5-6

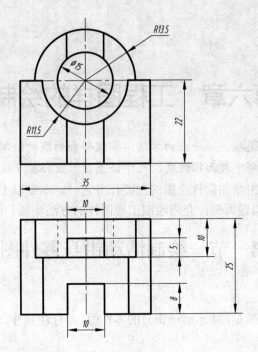

题图 5-7

# 第六章 工程图样的绘制

**本章要点** 熟悉绘制图框、标题栏的方法；掌握样条曲线的绘制方法；掌握剖视图的标注方法；熟练掌握工程图样中表面粗糙度、尺寸公差、形位公差等技术要求的标注方法。

绘制工程图样，是利用绘图软件绘图的主要任务之一。本章以工业产品类和土木与建筑类CAD技能一级考试模拟题为例，介绍绘制工程图样的方法步骤和操作技巧。

## 第一节 绘制活动钳身零件图

◆ **题目**

按1:1的比例，抄画图6-1所示活动钳身的零件图，并标注尺寸、表面粗糙度和技术要求。

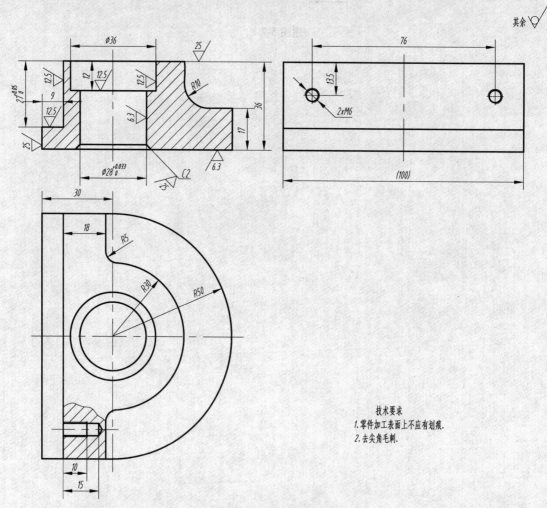

图6-1 活动钳身零件图

◆ 本题知识点

样条曲线的绘制，倒角命令的使用，公差尺寸的标注，用引线方式标注倒角尺寸，用创建块及插入块的方法标注零件的表面粗糙度，利用文字命令在图中标注技术要求。

◆ 绘图前的准备

① 设置绘图单位：mm。

② 设置单位精度：0.00。

③ 设置图形界限：420 mm×297 mm，并在屏幕上全部显示图形界限。

④ 设置线型：加载线型 CENTER。

⑤ 设置线型比例：0.33。

⑥ 设置图层："1 粗实线"层，"2 细实线"层，"3 点画线"层，"5 尺寸"层，"6 文字"层，"7 剖面线"层。

⑦ 设置文字样式"文字"：选择字体名 仿宋_GB2312 ，宽度比例为"0.67"。设置文字样式"尺寸"：选择字体名 isocp.shx ，宽度比例为"0.67"，倾斜角度为"15"。

⑧ 设置标注样式"GB"：在"直线"选项卡中，设置基线间距为"7"，将尺寸界线超出尺寸线的数值修改为"2"，起点偏移量修改为"0"；在"符号和箭头"选项卡中，将箭头大小修改为"3.5"；在"文字"选项卡中，选择文字样式为"尺寸"样式，设置文字高度为"3.5"；在"调整"选项卡中，选择调整选项为"文字和箭头"，勾选右下方的"手动放置文字"复选框；在"主单位"选项卡中的精度列表框中，选择精度为"0.0"。

⑨ 设置工具栏：开启"对象捕捉"工具栏，并将其拖动到合适位置。

⑩ 设置自动捕捉：点击"对象捕捉"工具栏最下方的"对象捕捉设置"按钮 ，在"草图设置"对话框中选择"对象捕捉"选项卡，勾选"启用对象捕捉"和"启用对象捕捉追踪"复选框，并在"对象捕捉模式"选项组中，勾选端点、中点、圆心和交点四种常用的对象捕捉模式。

⑪ 保存文件：点击标准工具栏中的"保存"图标 ，弹出"另存文件"对话框。在"另存文件"对话框中的文件名输入框内输入一个文件名，点击 保存(S) 按钮。

## 一、读图并分析

活动钳身的零件图由三个图形构成，分别为主视图、俯视图和左视图。活动钳身的主体轮廓为左方、右圆，上、下两个左端面呈阶梯状，右侧半圆柱上小、下大。在方圆结合处，由上至下加工出阶梯通孔。左上部端面上加工出两个水平螺孔。

## 二、绘制俯视图主体轮廓

### 1. 绘制外轮廓线

选择"1 粗实线"层为当前层。

点击绘图工具栏中的"直线"图标 ，在图中适当位置，绘制俯视图左侧折线，如图 6-2（a）所示。

点击主菜单中的【绘图】→【圆弧】→【起点、端点、半径】命令，绘制俯视图右侧半圆，如图 6-2（b）所示。

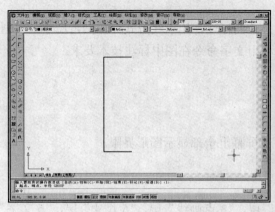
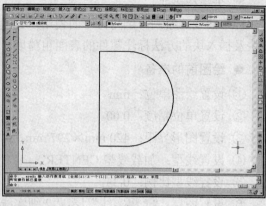

（a）            （b）

图 6-2　绘制俯视图（一）

**2. 绘制点画线**

选择"3 点画线"层为当前层。

点击绘图工具栏中的"直线"图标，绘制俯视图上的水平和竖直点画线，如图 6-3（a）所示。

**3. 绘制同心圆**

选择"1 粗实线"层为当前层。

点击绘图工具栏中的"圆"图标，绘制出 $\phi 28$、$\phi 36$、$R30$ 三个同心圆，如图 6-3（b）所示。

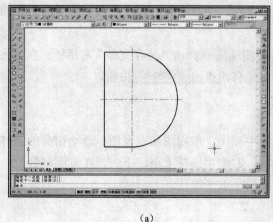
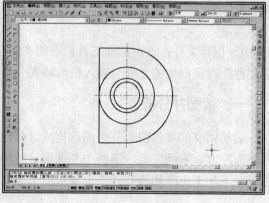

（a）            （b）

图 6-3　绘制俯视图（二）

**4. 绘制平行线**

点击绘图工具栏中的"直线"图标，绘制两条平行线，如图 6-4（a）所示。

**5. 修剪图形**

点击修改工具栏中的"修剪"图标，剪去圆及直线的一段，如图 6-4（b）所示。

提示：此操作的目的是便于利用修剪方式绘制圆角。

**148**

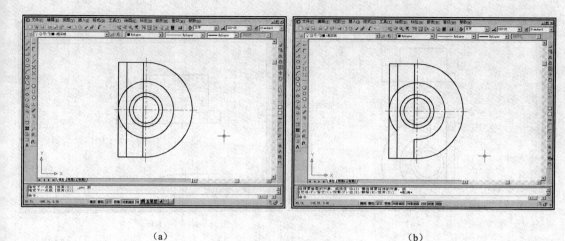

(a)                                (b)

图 6-4　绘制俯视图（三）

### 6. 绘制圆角

点击修改工具栏中的"圆角"图标 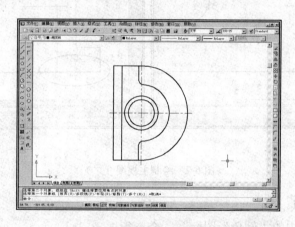，指定圆角半径为"5"，先后拾取圆及直线，用"修剪"模式绘制出圆角，如图 6-5 所示。

图 6-5　绘制俯视图（四）

## 三、绘制主视图

### 1. 绘制外轮廓及轴线

点击绘图工具栏中的"直线"图标，分别在"粗实线层"和"点画线层"绘制外轮廓及轴线，如图 6-6（a）所示。

### 2. 绘制圆角

点击修改工具栏中的"圆角"图标，指定圆角半径为"10"，用"修剪"模式绘制出圆角，如图 6-6（b）所示。

### 3. 绘制孔轮廓

点击绘图工具栏中的"直线"图标，利用自动捕捉与自动追踪功能，在主视图上绘制孔的左半部分轮廓，如图 6-7（a）所示。

*149*

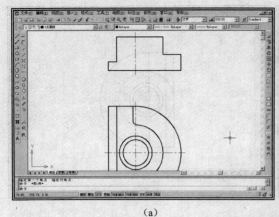

(a)

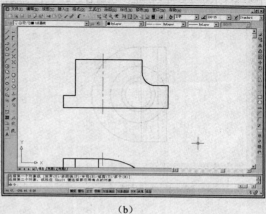

(b)

图 6-6　绘制主视图（一）

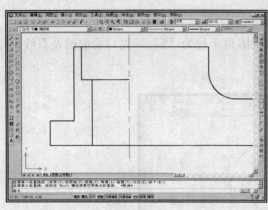

(a)

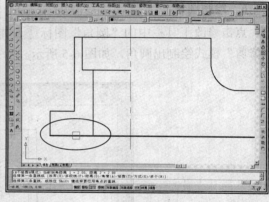

(b)

图 6-7　绘制主视图（二）

### 4. 绘制孔端倒角

点击修改工具栏中的"倒角"图标 ，命令行提示：

（｜修剪｜模式）当前倒角距离 1=0.00，距离 2=0.00（当前绘制倒角模式为修剪，倒角距离为 0）

选择第一条直线或[放弃（U）/多段线（P）/距离（D）/角度（A）/修剪（T）/方式（E）/多个（M）]：d✓（重新设置倒角距离）

指定第一个倒角距离<0.00>：2✓（倒角距离为 2）

指定第二个倒角距离<2.00>：✓（采用缺省值）

选择第一条直线或[放弃（U）/多段线（P）/距离（D）/角度（A）/修剪（T）/方式（E）/多个（M）]：（拾取孔轮廓线）

选择第二条直线，或按住 Shift 键选择要应用角点的直线：［在图 6-7（b）所示位置拾取第二条直线，完成倒角的绘制］

### 5. 镜像

点击修改工具栏中的"镜像"图标 ，拾取孔左半部分轮廓，镜像拷贝出孔的右半部分

**150**

轮廓，如图6-8（a）所示。

点击绘图工具栏中的"直线"图标✐，补画出倒角与孔的分界线。

### 6. 延伸

点击修改工具栏中的"延伸"图标⊸，将最下方水平线延伸至右侧竖直线，如图6-8（b）
所示。

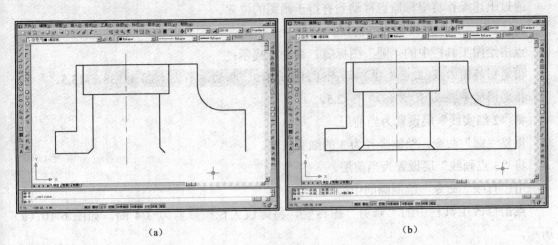

（a）　　　　　　　　　　　　　　（b）

图6-8　绘制主视图（三）

## 四、绘制左视图主体轮廓

### 1. 绘制外轮廓及对称线

点击绘图工具栏中的"直线"图标✐，分别在"粗实线层"和"点画线层"绘制外轮廓
及对称线，如图6-9（a）所示。

### 2. 绘制平行线

点击修改工具栏中的"偏移"图标▣，按操作提示，键入偏移距离9，拾取最下水平线，
绘制其平行线，如图6-9（b）所示。

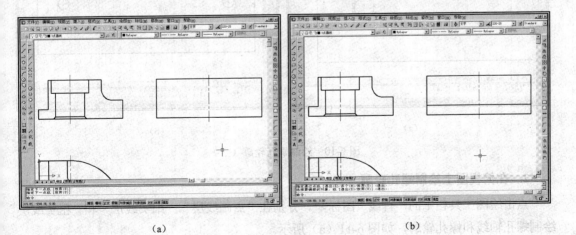

（a）　　　　　　　　　　　　　　（b）

图6-9　绘制左视图

## 五、绘制螺孔轮廓

### 1. 在左视图上绘制螺孔轮廓

点击主菜单中的【工具】→【移动UCS】命令，命令行提示：

<u>指定新原点或[Z向深度（Z）]<0，0，0>:</u>（拾取左视图对称线与顶面的交点）

通过上述操作将坐标原点移动到有得于画图的位置。

将"1粗实线"层设置为当前层。

点击绘图工具栏中的"圆"图标◯，命令行提示：

<u>指定圆的圆心或[三点（3P）/两点（2P）/相切、相切、半径（T）]:</u> 38，-13.5↙

<u>指定圆的半径或[直径（D）]:</u> 2.5↙

将"2细实线"层设置为当前层。

重复"圆"命令，绘制半径为3的细实线圆。

将"3点画线"层设置为当前层。

用"直线"命令，绘制圆的中心线。

点击修改工具栏中的"修剪"图标，将螺纹大径圆修剪为3/4圈，如图6-10（a）所示。

点击修改工具栏中的"复制"图标，命令行提示：

<u>选择对象:</u>（拾取螺孔及中心线，点击右键结束拾取）

<u>指定基点或[位移（D）]<位移>:</u>（拾取螺孔圆心）

<u>指定第二个点或<使用第一个点作为位移>:</u>（光标左移，拉出水平"橡皮筋"）76↙

复制出另一个螺孔，如图6-10（b）所示。

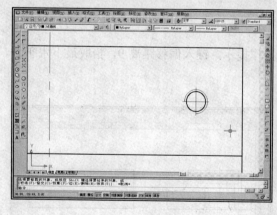
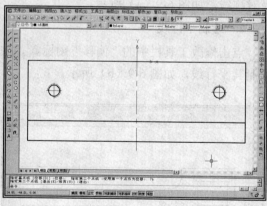

| （a） | （b） |

图6-10 绘制螺孔轮廓（一）

### 2. 在俯视图上绘制螺孔轮廓

点击绘图工具栏中的"直线"图标，分别在"点画线层"、"细实线层"和"粗实线层"绘制螺孔轴线和螺孔轮廓，如图6-11（a）所示。

孔底的300°倾斜线利用极轴追踪绘制，如图6-11（b）所示。

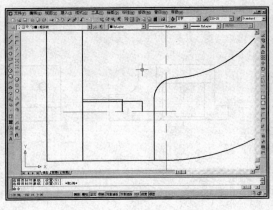 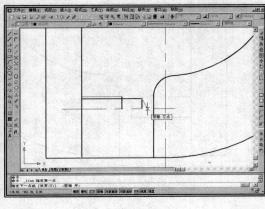

（a）　　　　　　　　　　　　　　（b）

图 6-11　绘制螺孔轮廓（二）

点击修改工具栏中的"镜像"图标，拾取螺孔上半部分轮廓，镜像拷贝出螺孔的下半部分轮廓，如图 6-12（a）所示。

将"2 细实线"层设置为当前层。

点击绘图工具栏中的"样条曲线"图标，绘制出波浪线，如图 6-12（b）所示。

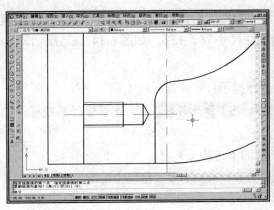 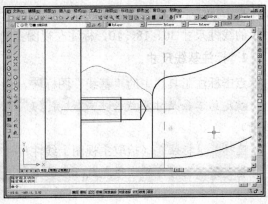

（a）　　　　　　　　　　　　　　（b）

图 6-12　绘制螺孔轮廓（三）

## 六、绘制剖面符号

### 1. 在俯视图上绘制剖面符号

将"7 剖面线"层设置为当前层。

点击绘图工具栏中的"图案填充"图标，选择填充图案为"ANSI31"，在俯视图上作局部剖视的区域填画剖面线，如图 6-13（a）所示。

### 2. 在主视图上绘制剖面符号

重复"图案填充"命令，在主视图上绘制剖面线，如图 6-13（b）所示。

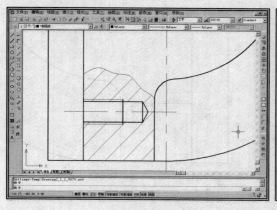
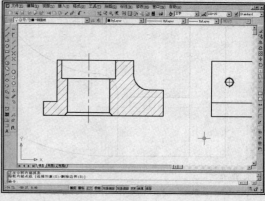

| (a) | (b) |

图 6-13  绘制剖面线

## 七、标注尺寸

将"5 尺寸"层设置为当前层。将标注样式"GB"置为当前。开启"标注"工具栏，并将其拖动到合适位置。

### 1. 标注线性尺寸

点击标注工具栏中的"线性"图标，标注主视图上的线性尺寸 12、17、9，标注俯视图上的线性尺寸 30、18、10，标注左视图上的线性尺寸 76、13.5，如图 6-14（a）所示。

### 2. 标注基线尺寸

点击标注工具栏中的"基线"图标，命令行提示：

指定第二条尺寸界线原点或[放弃（U）/选择（S）]<选择>：↙（重新选择基线标注的基准）

选择基准标注：（拾取主视图上线性尺寸 17 的下方箭头）

指定第二条尺寸界线原点或[放弃（U）/选择（S）]<选择>：（拾取主视图最上直线）

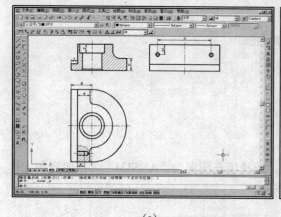
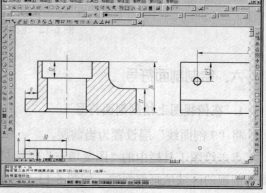

| (a) | (b) |

图 6-14  标注尺寸（一）

指定第二条尺寸界线原点或[放弃（U）/选择（S）]<选择>：✓

用基线标注命令标注出的总高尺寸 36，如图 6-14（b）所示。

采用同样方法，标注出俯视图上螺孔的钻孔深度 15。

### 3. 标注半径尺寸

点击标注工具栏中的"半径"图标⊙，标注半径尺寸 *R*5、*R*30、*R*50、*R*10。

### 4. 标注非直接测量尺寸

前面所注尺寸的尺寸数值，均为系统直接测量值，如需标注图 6-15（a）所示的非直接测量尺寸 *ϕ*36 时，可采用如下方法：

（1）在标注时重新输入尺寸数值　点击标注工具栏中的"线性"图标，命令行提示：

指定第一条尺寸界线原点或<选择对象>：（拾取左尺寸界线起点）

指定第二条尺寸界线原点：（拾取右尺寸界线起点）

指定尺寸线位置或

[多行文字（M）/文字（T）/角度（A）/水平（H）/垂直（V）/旋转（R）]：t✓（重新输入尺寸数值）

输入标注文字<36>：%%c36✓

指定尺寸线位置或

[多行文字（M）/文字（T）/角度（A）/水平（H）/垂直（V）/旋转（R）]：（用光标将尺寸数值拖动到合适位置后单击左键）

标注文字=36（命令行显示系统测量值，结束命令）

（2）在标注后修改尺寸数值　按系统直接测量值标注尺寸 36 后，选中该尺寸并点击右键，弹出右键快捷菜单，如图 6-15（b）所示。

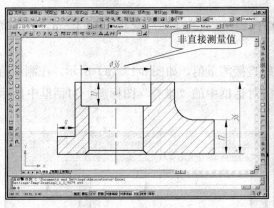

（a）

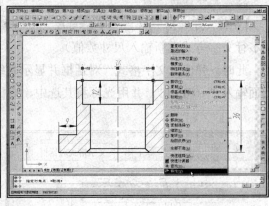

（b）

图 6-15　标注尺寸（二）

在右键快捷菜单中选择【特性】命令，弹出"特性"窗口，如图 6-16（a）所示。

拉动滚动条，在"特性"窗口中找寻"文字"特性栏中的"文字替代"项目，双击"文字替代"后边的方框，待出现闪动光标后输入"%%c36"，如图 6-16（b）所示。

关闭"特性"窗口，按 ESC 键，完成尺寸数值的修改。

左视图上的参考尺寸"（100）"，螺孔尺寸"2×M6"也可用上述方法注出，在此不再赘述。

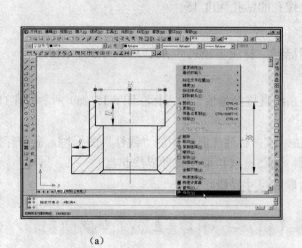
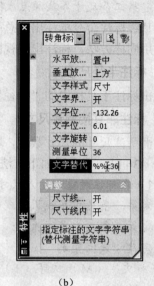

(a)                                     (b)

图 6-16　标注尺寸（三）

### 5. 标注公差尺寸

点击标注工具栏中的"线性"图标 🖵，命令行提示：

指定第一条尺寸界线原点或<选择对象>： （拾取主视图高度尺寸 27 的一个尺寸界线起点）

指定第二条尺寸界线原点：（拾取主视图高度尺寸 27 的另一个尺寸界线起点）

指定尺寸线位置或

[多行文字（M）/文字（T）/角度（A）/水平（H）/垂直（V）/旋转（R）]：m↙（选择用多行文字方式重新输入尺寸数值）

此时，弹出"文字格式"对话框并显示系统直接测量值，如图 6-17（a）所示。在测量值后面输入"+0.05^0"，并用光标将其选中，点击对话框中的"堆叠"图标 ⬆，对话框中显示

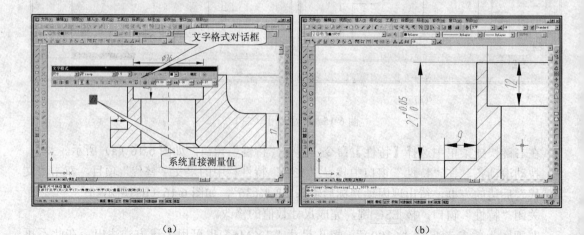

(a)                                     (b)

图 6-17　标注尺寸（四）

出公差标注的样式，如满意可点击 确定 按钮，完成尺寸的重新输入。命令行继续提示：

指定尺寸线位置或

[多行文字(M)/文字(T)/角度(A)/水平(H)/垂直(V)/旋转(R)]:（用光标拖动尺寸线到适当位置单击左键）

标注文字=27↙（命令行显示系统测量值，结束命令）

标注出的尺寸，如图6-17（b）所示。

提示：为了将上、下偏差个位对齐，需在0偏差值前加一空格。当上偏差为0时，务必将空格包括在选中内容中，以使上、下偏差对齐。

采用同样方法，注出其他公差尺寸，在此不再赘述。

### 6. 标注倒角尺寸

点击标注工具栏中的"快速引线"图标 ，命令行提示：

指定第一个引线点或[设置（S）]<设置>: ↙

弹出"引线设置"对话框。在"注释"选项卡中，选择注释类型为"多行文字"，如图6-18（a）所示；在"引线和箭头"选项卡中，选择箭头为"无"，第一段角度约束为"45°"，第二段角度约束为"水平"，如图6-18（b）所示；在"附着"选项卡中，勾选"最后一行加下划线"，点击 确定 按钮，返回绘图界面。命令行继续提示：

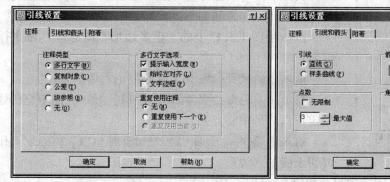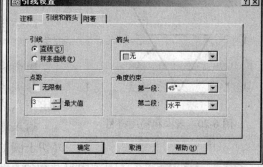

（a）                    （b）

图6-18 引线设置对话框

指定第一个引线点或[设置（S）]<设置>:（在倒角投影上拾取一点）

指定下一点:（关闭"正交"模式，移动光标，沿45°方向指定第二点）

指定下一点:［打开"正交"模式，移动光标拖动出水平橡皮筋，如图6-19（a）所示］0.5↙（输入水平线段长度，该线段尽可能短些）

指定文字宽度<0>: ↙（默认文字样式设置中的字高。也可以重新设置字高。命令行继续提示）

输入注释文字的第一行<多行文字（M）>: C2↙（完成第一行文字输入，注意：字母C要大写）

输入注释文字的下一行: ↙（结束命令）

标注出的倒角尺寸 *C2*，如图6-19（b）所示。

157

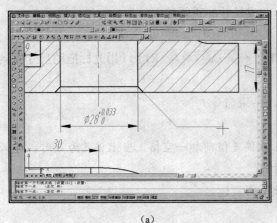
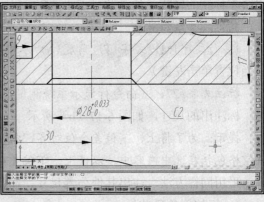

（a）                （b）

图 6-19　标注尺寸（五）

## 八、标注表面粗糙度

### 1. 绘制"表面粗糙度"符号

按照《机械制图》国家标准的有关规定，表面粗糙度符号的绘制要求如图 6-20 所示。其中 $H \approx \sqrt{2}\, h$（$h$ 为图中字体的高度）。

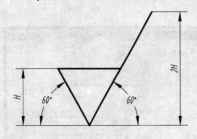

图 6-20　表面粗糙度符号

实际画图时，可用辅助正六边形法，绘制表面粗糙度符号。具体操作方法如下：

点击绘图工具栏中的"正多边形"图标 ⬠，命令行提示：

输入边的数目<4>: 6✓（绘制正六边形）

指定正多边形的中心点或[边（E）]:（在图中空白处指定正六边形中心点）

输入选项[内接于圆（I）/外切于圆（C）]<I>: c✓（作外切于圆的六边形）

指定圆的半径: 5✓（因图中尺寸数值高为 3.5，$H \approx 5$）

绘制出正六边形，如图 6-21（a）所示。

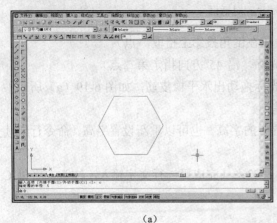
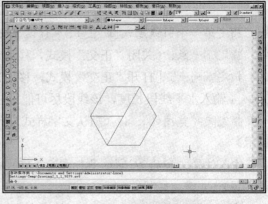

（a）                （b）

图 6-21　绘制表面粗糙度符号

单击绘图工具栏中的"直线"图标 ∠，关闭"正交"模式，捕捉正六边形角顶，绘制表面粗糙度符号，如图 6-21（b）所示。

删除正六边形，即可获得表面粗糙度符号。

### 2. 将表面粗糙度符号创建为带属性的块

（1）定义属性 点击主菜单中的【绘图】→【块】→【定义属性】命令，弹出"属性定义"对话框，如图 6-22（a）所示。

在对话框的"标记"文本框中，输入用来确认属性的名称"RA"。

提示：属性名不能为空值，必须为字符串，最长可达 256 个字符。无论在属性名中输入大写或小写字母，属性中的字母总是以大写的形式出现。

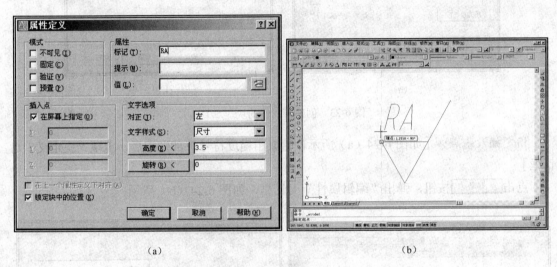

|      |      |
| :--: | :--: |
| （a） | （b） |

图 6-22　创建带属性的块（一）

在文字选项栏中，确定属性文字的对齐方式、文字样式、文字高度、文字的旋转角度等。注意应与图中尺寸标注的文字相一致。

点击 确定 按钮，"属性定义"对话框消失，系统回到绘图界面，此时可见属性名"挂"在十字光标上，如图 6-22（b）所示。命令行提示：

指定起点：（用光标在粗糙度符号的上方指定参数 $R_a$ 的位置）

完成属性定义后，系统回到绘图界面，粗糙度符号的上方出现"$RA$"标记。

（2）创建块 点击绘图工具栏中的"创建块"图标 🗗，弹出"块定义"对话框，如图 6-23（a）所示。在"名称"列表框中输入"ccd1"，点击"选择对象"图标 🗗，"块定义"对话框消失，系统回到绘图界面。命令行提示：

选择对象：（选择绘制的粗糙度符号及 $R_a$，被选中的对象变为虚线）

选择对象：↙

重现"块定义"对话框，此时对话框的右上角显示已选中对象，如图 6-23（b）所示。

点击"块定义"对话框中的"拾取点"图标 🗗，"块定义"对话框再次消失，系统回到绘图界面，命令行提示：

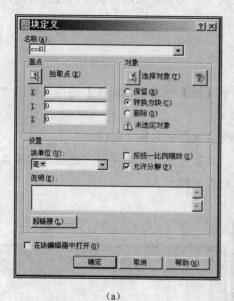
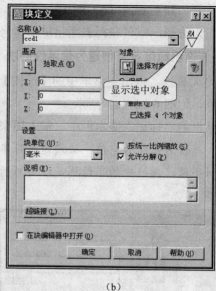

(a)                 (b)

图6-23　创建带属性的块（二）

**指定插入基点：**［如图6-24（a）所示，拾取粗糙度符号下部端点后，重现"块定义"对话框］

点击 确定 按钮，弹出"编辑属性"对话框，如图6-24（b）所示。

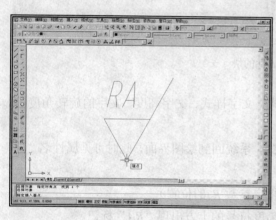
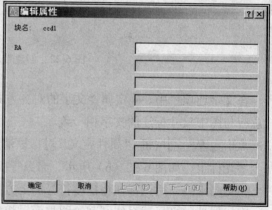

(a)                 (b)

图6-24　创建带属性的块（三）

可在属性RA后边的文本框中输入具体数值，也可保持其空白状态。

点击 确定 按钮，回到绘图界面，完成块定义后的粗糙度符号，如图6-25（a）所示。重复上述操作，创建另一个块"粗糙度2"，如图6-25（b）所示。

### 3. 用插入块方式标注表面粗糙度

点击绘图工具栏中的"插入块"图标 ，弹出"插入"对话框。点击"名称"下拉列表框的下拉箭头 ，选择"粗糙度1"，勾选插入点、缩放比例、旋转角度"在屏幕上指定"，勾

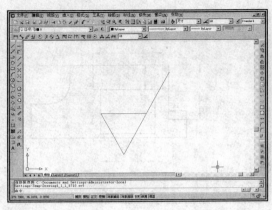
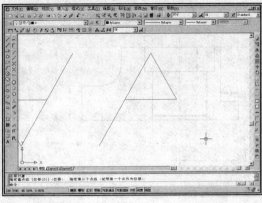

(a)                                        (b)

图 6-25　创建带属性的块（四）

选缩放比例栏中的"统一比例"，如图 6-26（a）所示。

点击 确定 按钮，返回绘图界面，命令行提示：

指定插入点或[基点（B）/比例（S）/旋转（R）/预览比例（PS）/预览旋转（PR）]：（在主视图顶面或其延长线上拾取一点）命令行继续提示：

指定比例因子<1>: ✓（比例不变）

指定旋转角度<0>: ✓（标注非水平面的表面粗糙度时，需输入旋转角度）

输入属性值

RA: 25✓

将粗糙度符号插入到图中，如图 6-26（b）所示。

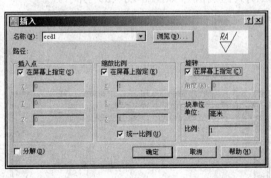
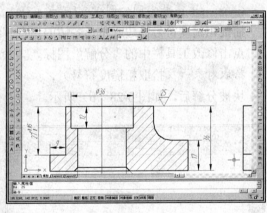

(a)                                        (b)

图 6-26　插入块（一）

重复"插入块"命令，选择"粗糙度 2"，按上述方法注出主视图底面的粗糙度，如图 6-27（a）所示。

重复"插入块"命令，选择"粗糙度 1"，当命令行提示指定旋转角度时键入 90，完成主视图左端面粗糙度的标注，如图 6-27（b）所示。

重复"插入块"命令，完成另几处粗糙度的标注。

**161**

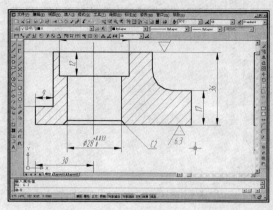
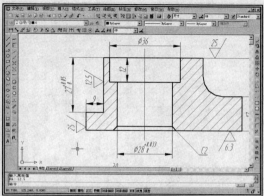

（a）　　　　　　　　　　　　　　　（b）

图 6-27　插入块（二）

#### 4. 在右上角进行粗糙度简化标注

重复"插入块"命令，选择"粗糙度 1"，命令行提示：

指定插入点或[基点（B）/比例（S）/旋转（R）/预览比例（PS）/预览旋转（PR）]：（在右上角适当位置拾取一点）

指定比例因子<1>: 1.4↙（右上角绘制的粗糙度符号，要比图中的粗糙度符号大一号）

指定旋转角度<0>: ↙

输入属性值

RA: ↙（在右上角插入粗糙度符号）

点击绘图工具栏中的"圆"图标⊘，命令行提示：

命令: circle 指定圆的圆心或[三点（3P）/两点（2P）/相切、相切、半径（T）]: 3P↙

捕捉粗糙度符号等边三角形各边的切点，绘制其内切圆，如图 6-28（a）所示。

点击修改工具栏中的"分解"图标，命令行提示：

拾取对象:（拾取粗糙度符号）↙

块被分解后，如图 6-28（b）所示。

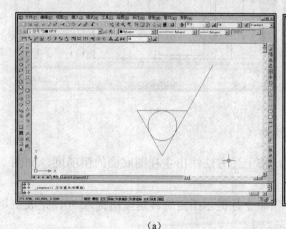

（a）　　　　　　　　　　　　　　　（b）

图 6-28　粗糙度简化标注（一）

点击修改工具栏中的"删除"图标 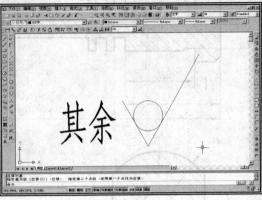，删除三角形的上边，及属性"*RA*"，完成毛坯符号的绘制，如图6-29（a）所示。

将"6文字"层选择为当前层。在样式工具栏中将文字样式选择为"文字"。

点击绘图工具栏中的"多行文字"图标 **A**，在"文字格式"对话框中，选择字高为"5"，在毛坯符号前填写"其余"二字，如图6-29（b）所示。

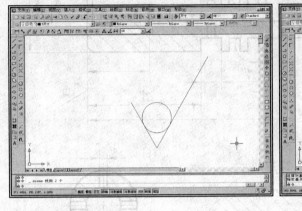

(a)                                   (b)

图6-29　粗糙度简化标注（二）

## 九、填写技术要求

点击绘图工具栏中的"多行文字"图标 **A**，在"文字格式"对话框中，选择字高为"3.5"，在图中的空白处填写技术要求。

## 十、存储文件

### 1. 范围缩放

检查全图确认无误后，键入命令：z✓

[全部（A）/中心点（C）/动态（D）/范围（E）/上一个（P）/比例（S）/窗口（W）] <实时>：e✓

所绘图形充满屏幕。

### 2. 存储文件

点击标准工具栏中的"保存"图标 🖫，存储文件。完成活动钳身零件图的绘制。

# 第二节　绘制阀杆零件图

◆ 题目

按1:1的比例，抄画图6-30所示阀杆零件图，并标注尺寸、表面粗糙度和技术要求。

◆ 本题知识点

局部放大图的绘制。

◆ 绘图前的准备

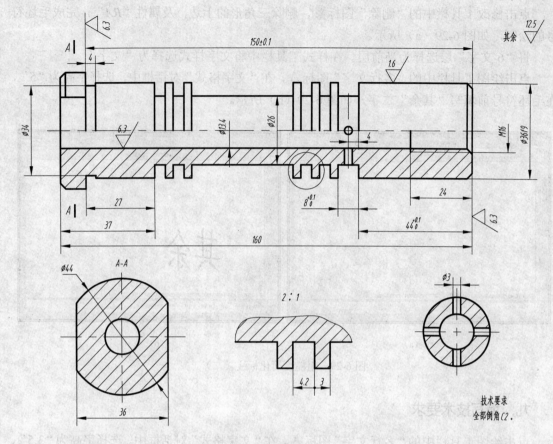

图 6-30　阀杆零件图

绘图前的准备同第一节，在此不再赘述。

## 一、读图并分析

阀杆零件图由四个图形构成，分别为主视图、两个移出断面图和一个局部放大图。通过分析可知，阀杆为轴套类零件，主体由直径不等的同轴圆柱体构成，内部有通孔贯穿左右。通孔的右端加工出 M8 螺纹。由 A-A 移出断面图可知，在阀杆的左段切制出两个平面。另一个画在剖切位置的移出断面图，表示在该处分别沿 Y 轴和 Z 轴加工出直径为 3 的通孔。

## 二、绘制图框及标题栏

### 1. 绘制 A3 图幅的外、内边框

（1）绘制边框线　将"2 细实线"层设置为当前层。

点击绘图工具栏中的"矩形"图标▢，命令行提示：

指定第一个角点或[倒角（C）/标高（E）/圆角（F）/厚度（T）/宽度（W）]: 0，0✓ （输入矩形第一角点坐标值）

指定另一个角点或[面积（A）/尺寸（D）/旋转（R）]: 420，297✓ （输入矩形另一个对角点坐标值；也可输入 d 命令，通过给定矩形的尺寸绘制矩形）

（2）绘制图框线　将"2 粗实线"层设置为当前层。

重复"矩形"命令，命令行提示：

指定第一个角点或[倒角（C）/标高（E）/圆角（F）/厚度（T）/宽度（W）]: 10，10↙

指定另一个角点或[面积（A）/尺寸（D）/旋转（R）]: 410，287↙

完成图框的绘制，如图6-31（a）所示。

## 2. 绘制对中符号

点击绘图工具栏中的"直线"图标 ∕，捕捉边框线各边中点，向内绘制长约15 mm的对中符号，如图6-31（b）所示。

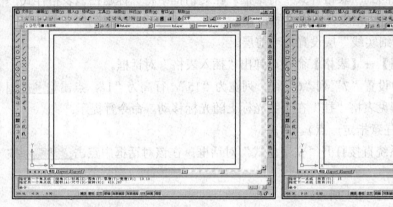

（a）                                        （b）

图6-31　绘制图框及标题栏（一）

## 3. 绘制标题栏

（1）设置标题栏表格样式　点击样式工具栏中的"表格样式"图标 ▨，弹出"表格样式"对话框，在对话框中点击 新建(N)... 按钮，弹出"创建新的表格样式"对话框。

输入新的表格样式名"标题栏"，点击 继续 按钮，系统弹出"新建表格样式：标题栏"对话框，如图6-32所示。

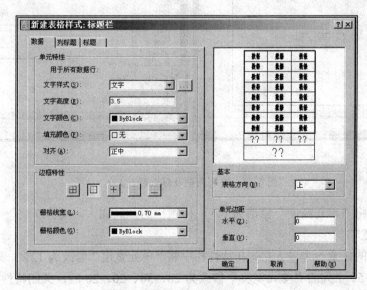

图6-32　设置表格样式

在"数据"选项卡中的"单元特性"区，选择"文字样式"为"文字"，在文字高度输入框中输入"3.5"，在对齐方式列表框中选择"正中"。

在"边框特性"区，选择栅格线宽为"0.7"后，点击外边框按钮▣。

在"基本"区，选择表格方向为"上"（表格向上生成，反之表格将向下生成）。

在"单元边距"区，将"水平"边距设置为"0"，"垂直"边距设置为"0"。

在"列标题"选项卡中，关闭"包含页眉行"复选框。

在"标题"选项卡，关闭"包含标题行"复选框。

点击 确定 按钮，返回到"表格样式"对话框。在对话框中将"标题栏"表格样式，置为当前(U)，点击 关闭 按钮，完成表格样式的设置。

（2）**绘制表格** 将"2 细实线"层设置为当前层。

点击主菜单中的【绘图】→【表格】命令，弹出"插入表格"对话框。

根据题意，在对话框中设置"7"列"6"行，列宽为"15"，行高为"1"，点击 确定 按钮，返回到绘图状态，可见表格"挂"在十字光标上随光标移动。命令行提示：

指定插入点：（在图中任意指定一点）

输入表格插入点后，系统直接打开"文字格式"对话框。在该对话框中点击 确定 按钮退出。

生成的空表格，如图 6-33（a）所示。

（3）**编辑表格** 操作步骤如下。

◆ **修改行高**

拾取表格中的任意一列，该列变为虚线，点击右键，弹出快捷菜单，从中选择"特性"命令，弹出特性栏，如图 6-33（b）所示。

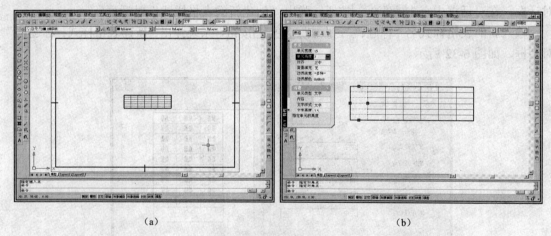

（a）　　　　　　　　　　　　　　（b）

图 6-33　绘制图框及标题栏（二）

在特性栏中将"单元高度"修改为 7↙，标题栏的行高加大，变为 7。

◆ **修改列宽**

拾取第一列的任意一个单元格，在特性栏中将"单元宽度"修改为 12↙。采用同样方法，依次将第 2、4、5、7 列的"单元宽度"修改为 28、30、20、20 后，关闭特性栏。

◆ **合并单元格**

选中需要合并的单元格，点击右键，在弹出的快捷菜单中选择【合并单元】中的相应合并方式。

◆ **移动表格**

点击编辑工具栏中的"移动"图标 ✛，拾取表格右下角点作为基点，将编辑后的表格移动到图框的右下角，如图 6-34（a）所示。

**4. 填写标题栏**

在需要填写文字的单元格内双击左键（或在选中的单元格中点击右键，在弹出的快捷菜单中选择"编辑单元文字"），弹出"文字格式"对话框。调出某种输入法，在光标闪烁处输入相应的文字或数据。可利用键盘上的方向键在各单元格间移动光标，点击"文字格式"编辑器右上角的 确定 按钮，结束单元格文字编辑。

填写文字后的标题栏，如图 6-34（b）所示。

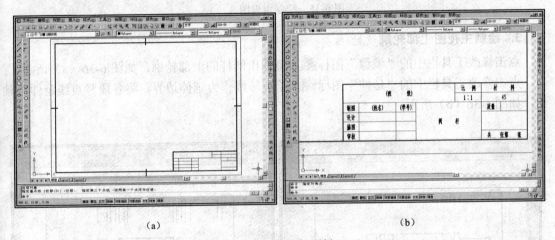

(a)　　　　　　　　　　　　　　(b)

图 6-34　绘制图框及标题栏（三）

## 三、绘制主视图

**1. 绘制轴线**

将"3 点画线"层设置为当前层。

点击绘图工具栏中的"直线"图标 ╱，绘制长为 170 的水平点画线。

**2. 绘制主视图下部轮廓**

将"1 粗实线"层设置为当前层。

重复"直线"命令，命令行提示：

指定第一点：（捕捉轴线左端点为追踪起点，将光标右移拉出 0° 追踪线）5↙

指定下一点或放弃［放弃（U）］：

打开"正交"模式，依次键入各线段长度并确认，绘制出的阀杆左下部轮廓，如图 6-35（a）所示。

重复上述操作，绘制出的阀杆右下部轮廓，如图 6-35（b）所示。

点击修改工具栏中的"倒角"图标 ▨，将倒角距离设置为"2"，用"修剪"模式，绘制出两端倒角。

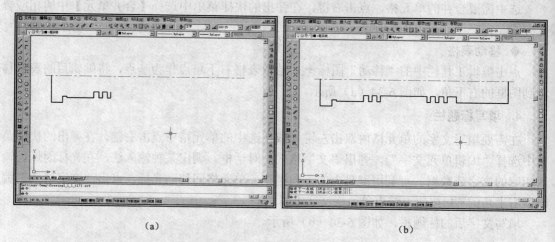

（a）　　　　　　　　　　　　　　　（b）

图 6-35　绘制主视图（一）

### 3. 绘制主视图上部轮廓

点击修改工具栏中的"镜像"图标 ⚐，镜像出阀杆的上部轮廓，如图 6-36（a）所示。

点击修改工具栏中的"延伸"图标 ，拾取轴线作为延伸边界，将各段竖直线延伸至轴线，如图 6-36（b）所示。

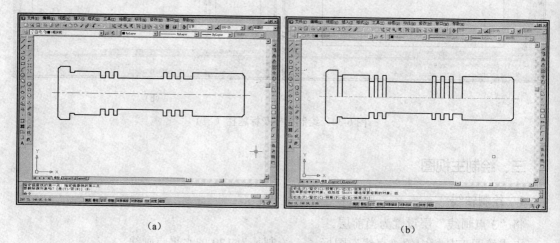

（a）　　　　　　　　　　　　　　　（b）

图 6-36　绘制主视图（二）

点击绘图工具栏中的"直线"图标 ，绘制出内孔线和倒角线，如图 6-37（a）所示。

### 4. 绘制内孔倒角

用"倒角"命令和"直线"命令，绘制出内孔倒角。用"修剪"命令，去除倒角内的孔轮廓线，如图 6-37（b）所示。

### 5. 绘制孔右端螺纹

用"直线"命令，在"1 粗实线"层和"2 细实线"层绘制出孔右端的螺纹，如图 6-38（a）所示。

### 6. 绘制直径为 3 的小孔结构

将"1 粗实线"层设置为当前层。

**168**

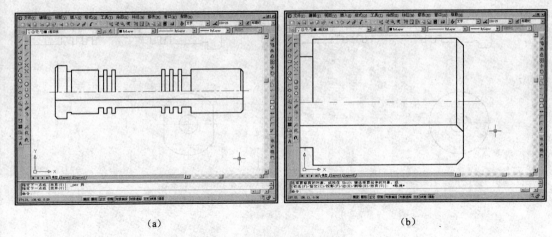

（a）　　　　　　　　　　　　　　　（b）

图 6-37　绘制主视图（三）

用"圆"命令，绘制出直径为 3 的小圆。

用"直线"命令，绘制出小圆下方的小孔轮廓线。

将"3 点画线"层设置为当前层。

用"直线"命令，绘制小孔轴线。

绘制完成的小孔结构，如图 6-38（b）所示。

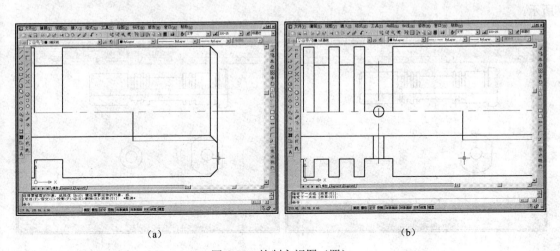

（a）　　　　　　　　　　　　　　　（b）

图 6-38　绘制主视图（四）

## 四、绘制断面图

### 1. 绘制左侧断面图

点击绘图工具栏中的"圆"图标 ⊘，在"1 粗实线"层绘制直径为 44、13.4 的同心圆。

点击绘图工具栏中的"直线"图标 ／，在"3 点画线"层绘制圆的中心线，如图 6-39（a）所示。

重复"直线"命令，在"粗实线"层绘制出切平面的位置。

点击修改工具栏中的"修剪"图标 ┷，整理轮廓如图 6-39（b）所示。

**169**

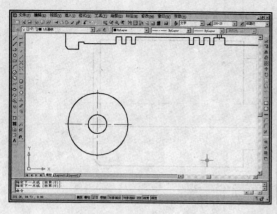
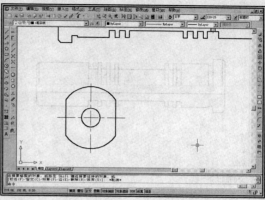

（a） （b）

图 6-39　绘制断面图（一）

**2.　绘制右侧断面图**

点击绘图工具栏中的"圆"图标⊘，捕捉主视图上孔轴线的下端点为追踪起点，向下移动光标拉出 270º 追踪线，如图 6-40（a）所示。

在适当位置确定圆心，在"1 粗实线"层绘制直径为 26、13.4 的同心圆。

点击绘图工具栏中的"直线"图标／，在"3 点画线"层绘制圆的中心线，如图 6-40（b）所示。

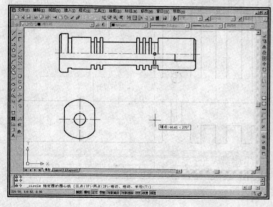
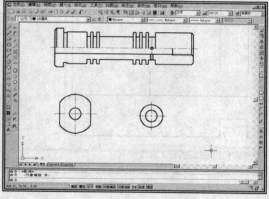

（a） （b）

图 6-40　绘制断面图（二）

点击修改工具栏中的"延伸"图标━|，拾取断面图中的小圆作为延伸边界，将主视图上小孔的轮廓线延伸至圆，如图 6-41（a）所示。

点击修改工具栏中的"修剪"图标┬，修剪主视图与断面图之间的孔轮廓，如图 6-41（b）所示。

点击修改工具栏中的"阵列"图标品，弹出"阵列"设置对话框。如图 6-42（a）所示。在对话框中单选"环形阵列"，按下"中心点"后面的按钮⊡，系统返回到绘图界面，命令行提示：

**170**

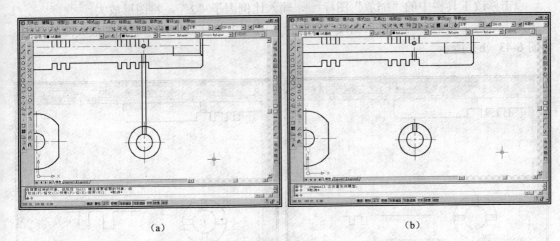

（a）                                （b）

图 6-41　绘制断面图（三）

指定阵列中心点：（选择断面图中的圆心为中心点，再弹出"阵列"设置对话框，此时中心点后边的数据框中，显示所选圆心点的坐标）

按下"选择对象"后面的按钮，系统再次返回到绘图界面，命令行提示：

选择对象：（拾取 $\phi 3$ 小孔的两条外形素线为阵列对象后，点击右键，再弹出"阵列"设置对话框）

点击 确定 按钮，完成小孔的环形阵列，如图 6-42（b）所示。

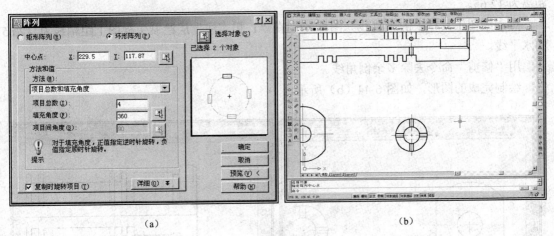

（a）                                （b）

图 6-42　绘制断面图（四）

## 五、绘制局部放大图

将"5 尺寸"层设置为当前层。

点击绘图工具栏中的"圆"图标，在主视图上圈出被放大部位。

将"粗实线"层设置为当前层。

点击修改工具栏中的"复制对象"图标，拾取被放大部位的轮廓，将其复制到适当位置，如图 6-43（a）所示。

利用夹点编辑功能，将左侧直线修改成适当长度。

点击修改工具栏中的"缩放"图标🔲，输入比例因子"2"，将图形放大。

点击绘图工具栏中的"样条曲线"图标〰，在"2 细实线"层绘制局部放大图的范围，如图6-43（b）所示。

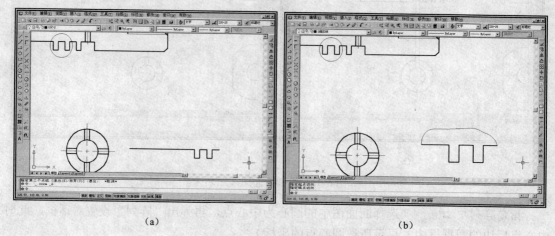

（a）                               （b）

图6-43　绘制局部放大图

## 六、修改主视图上左轴段轮廓

点击主菜单中的【工具】→【查询】→【距离】命令，查询图6-44（a）中1、2两点的距离为12.65。

点击绘图工具栏中的"直线"图标／，在"1 粗实线"层绘制主视图上距轴线为12.65的水平线。

用"修剪"命令去除多余倒角线。

绘制完成的图形，如图6-44（b）所示。

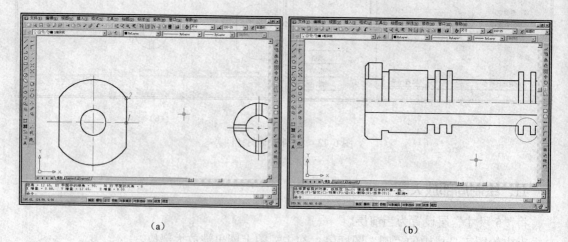

（a）                               （b）

图6-44　查询与修改

## 七、绘制剖面符号

将"7 剖面线"层设置为当前层。

点击绘图工具栏中的"图案填充"图标 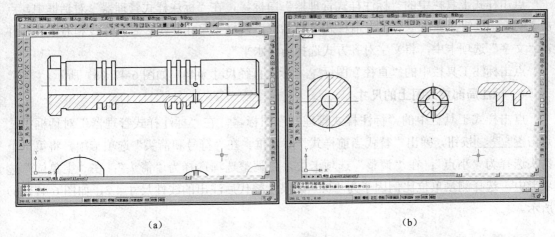，选择填充图案为"ANSI31"，绘制出主视图上的剖面线，如图6-45（a）所示。

重复"图案填充"命令，分别绘制出断面图和局部放大图中的剖面线，如图6-45（b）所示。

（a）　　　　　　　　　　　　　　（b）

图6-45　绘制剖面线

## 八、标注尺寸

将"5 尺寸"层设为当前层。将标注样式"GB"置为当前。开启"标注"工具栏，并将其拖动到合适位置。

### 1. 标注线性尺寸

点击标注工具栏中的"线性"图标 ，标注线性尺寸，如图6-46（a）所示。

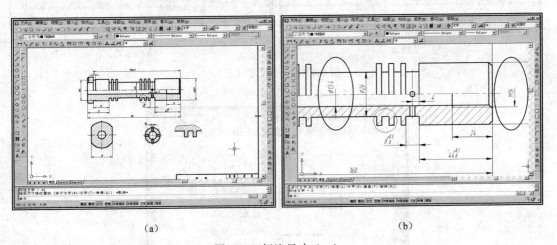

（a）　　　　　　　　　　　　　　（b）

图6-46　标注尺寸（一）

### 2. 标注半剖视尺寸

点击样式工具栏中的"标注样式管理器"图标 ，在"标注样式管理器"对话框中点击 替代⑩… 按钮，弹出"替代当前样式"对话框，在"直线"选项卡中，选择隐藏尺寸线 2 和

**173**

尺寸界线2，在"符号和箭头"选项卡中，将第二个箭头选择为"无"。

点击标注工具栏中的"线性"图标┣╸，用"替代"方式标注出的 $\phi13.4$ 和 M16，如图 6-46（b）所示。

### 3. 标注直径尺寸

点击样式工具栏中的"标注样式管理器"图标▟，在"标注样式管理器"对话框中，点击 替代(0)... 按钮，弹出"替代当前样式"对话框，恢复右尺寸界线、右尺寸线和右箭头，并在"文字"选项卡中，将文字对齐方式选择为"水平"。

点击标注工具栏中的"直径"图标◥，标注直径尺寸 $\phi44$，如图 6-47（a）所示。

### 4. 标注局部放大图上的尺寸

点击样式工具栏中的"标注样式管理器"图标▟，在"标注样式管理器"对话框中，点击 替代(0)... 按钮，弹出"替代当前样式"对话框。在"符号和箭头"选项卡中，将第二个箭头选择为"小点"；在"调整"选项卡中，将调整选项选择为"箭头"；在"主单位"选项卡中，选择测量单位比例因子为"0.5"。尺寸替代后注出的线性尺寸 4.2，如图 6-47（b）所示。

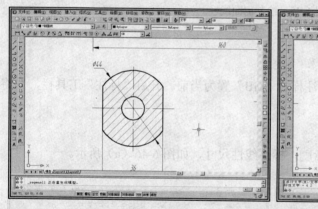 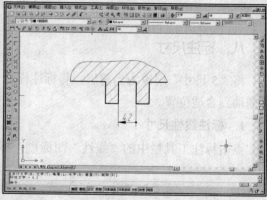

（a）　　　　　　　　　　　　　　　　（b）

图 6-47　标注尺寸（二）

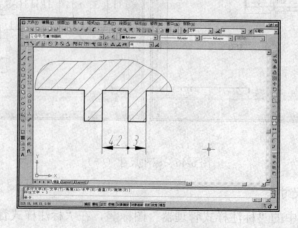

图 6-48　标注尺寸（三）

点击样式工具栏中的"标注样式管理器"图标 ，在"标注样式管理器"对话框中，点击 修改(M)... 按钮，弹出"替代当前样式"对话框，在"直线"选项卡中，隐藏尺寸界线 1；在"符号和箭头"选项卡中，将第一个箭头选择为"无"，将第二个箭头选择为"实心闭合"。修改替代样式后注出线性尺寸 3，如图 6-48 所示。

## 九、标注表面粗糙度

### 1. 绘制"表面粗糙度"符号

方法与本章第 1 节相同，不再赘述。

### 2. 创建带属性的块

方法与本章第 1 节相同，不再赘述，块的名称为"ccd1"和"ccd2"。

### 3. 用插入块方式标注表面粗糙度

点击绘图工具栏中的"插入块"图标 ，弹出"插入"对话框。点击"名称"下拉列表框的下拉箭头 ，选择"ccd1"或"ccd2"，将其插入图中。

选择块"ccd1"标注的表面粗糙度，如图 6-49（a）所示。选择块"ccd2"标注的表面粗糙度，如图 6-49（b）所示。

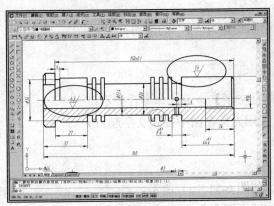
（a）

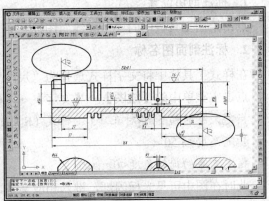
（b）

图 6-49　标注表面粗糙度（一）

### 4. 在右上角进行粗糙度简化标注

重复"插入块"命令，选择"粗糙度 1"，命令行提示：

指定插入点或[基点（B）/比例（S）/旋转（R）/预览比例（PS）/预览旋转（PR）]：（在右上角适当位置拾取一点）

指定比例因子<1>: 1.4✓（右上角绘制的粗糙度符号，要比图中的粗糙度符号大一号）

指定旋转角度<0>: ✓

输入属性值

RA: 12.5✓

在右上角插入粗糙度代号，如图 6-50（a）所示。

将"文字"选择为当前层。点击绘图工具栏中的"多行文字"图标 A，在毛坯符号前填

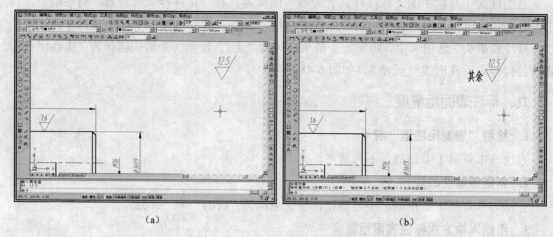

(a)　　　　　　　　　　　　　　　　(b)

图 6-50　标注表面粗糙度（二）

写"其余"二字，如图 6-50（b）所示。

## 十、标注断面图

### 1. 标注剖切位置

点击绘图工具栏中的"多段线"图标 ⌐，绘制线宽为"1"的剖切符号。

### 2. 标注剖面图名称

在样式工具栏中将文字样式选择为"尺寸"。

点击主菜单中的【绘图】→【文字】→【单行文字】命令，命令行提示：

指定文字的起点或[对正（J）/样式（S）]:（用光标在图中指定文字起点）

指定高度<3.50>: ✓

指定文字的旋转角度<0>: ✓

此时在图中可见光标闪烁，键入相应文字，如图 6-51（a）所示。

重复上述操作，在对应断面图的上方，标注断面图名称"*A-A*"，如图 6-51（b）所示。

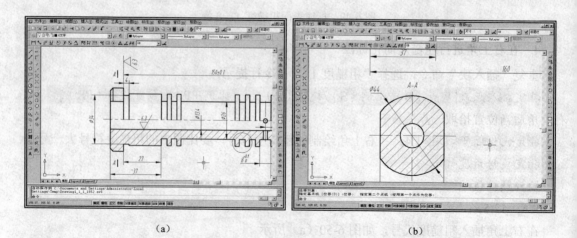

(a)　　　　　　　　　　　　　　　　(b)

图 6-51　标注断面图

## 十一、填写技术要求

在样式工具栏中将文字样式选择为"文字"。

点击绘图工具栏中的"多行文字"图标 **A**，在图中的空白处填写技术要求。

## 十二、整理

点击修改工具栏中的"移动"图标 ✛，对各图的位置进行调整。调整后的图形，如图 6-30 所示。

## 十三、存储文件

### 1. 范围缩放

检查全图确认无误后，键入命令：z↙

[全部（A）/中心点（C）/动态（D）/范围（E）/上一个（P）/比例（S）/窗口（W）]

<实时>：e↙

所绘图形充满屏幕。

### 2. 存储文件

点击标准工具栏中的"保存"图标 ⊟ 存储文件，完成阀杆零件图的绘制。

# 第三节　绘制台阶的建筑施工图

◆ **题目**

按 1∶50 的比例，抄画图 6-52 所示台阶的正立面图、平面图和 1-1 剖面图，并标注尺寸。

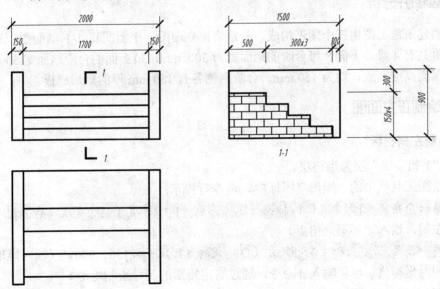

图 6-52　台阶

◆ **本题知识点**

利用"填充图案选项板"选择剖面图案。利用特性窗口编辑尺寸。

◆ **绘图前的准备**

① 设置绘图单位：mm。

② 设置单位精度：0.00。

③ 设置图形界限：5000 mm×3000 mm，并在屏幕上全部显示图形界限。

④ 设置图层："1 粗实线"层，"5 尺寸"层，"6 文字"层，"7 剖面线"层。

⑤ 设置文字样式"尺寸"：选择字体名 `isocp.shx` ，宽度比例为"0.67"，倾斜角度为"15"。

⑥ 设置标注样式"JZ"：在"直线"选项卡中，将尺寸线超出标记设置为"0"，基线间距设置为"7"，将尺寸界线超出尺寸线的数值修改为"2"，起点偏移量修改为"2"；在"符号和箭头"选项卡中，选择箭头的样式为"建筑标记"，将箭头大小修改为"2.5"；在"文字"选项卡中，选择文字样式为"尺寸"，选择文字高度为"2.5"；在"调整"选项卡中，选择调整选项为"文字和箭头"，勾选右下方的"手动放置文字"复选框；在"主单位"选项卡中的精度列表框中，选择精度为"0.0"，比例因子为"50"。

将标注样式"JZ"置为当前。

⑦ 设置工具栏：开启"对象捕捉"工具栏，并将其拖动到合适位置。开启"标注"工具栏，并将其拖动到合适位置。

⑧ 设置自动捕捉：点击"对象捕捉"工具栏最下方的"对象捕捉设置"按钮 ，在"草图设置"对话框中选择"对象捕捉"选项卡，勾选"启用对象捕捉"和"启用对象捕捉追踪"复选框，并在"对象捕捉模式"选项组中勾选端点、中点和交点对象捕捉模式。

⑨ 保存文件：点击标准工具栏中的"保存"图标 ，弹出"另存文件"对话框。在"另存文件"对话框中的文件名输入框内输入一个文件名，点击 保存(S) 按钮。

## 一、读图并分析

台阶的建筑施工图由三个图形构成，分别为正立面图、平面图和 1-1 剖面图。通过分析可知：台阶共有 4 级，下面 3 级台阶的踏面宽为 300 mm，最上面的台阶踏面宽 500 mm。4 级台阶的踢面高度一致，均为 150 mm。台阶两侧各有 150 mm 厚的矩形栏板。

## 二、绘制正立面图

**1. 绘制左侧栏板**

选择"1 粗实线"层为当前层。

点击绘图工具栏中的"矩形"图标 ，命令行提示：

指定第一个角点或[倒角（C）/标高（E）/圆角（F）/厚度（T）/宽度（W）]：（在适当位置点击左键，输入矩形第一角点）

指定另一个角点或[面积（A）/尺寸（D）/旋转（R）]：@150，900↙（输入矩形另一个对角点的相对坐标值；也可输入 d 命令，通过给定矩形的尺寸绘制矩形）

**2. 复制右侧栏板**

点击修改工具栏中的"复制"图标 ，命令行提示：

选择对象：（拾取所绘矩形，点击右键结束拾取）

指定基点或[位移（D）]<位移>：（拾取矩形任一角点）

指定第二个点或<使用第一个点作为位移>: [将光标右移，拉出水平"橡皮筋"，如图6-53（a）所示] 1850↙

指定第二个点或[退出（E）/放弃（U）]<退出>: ↙

拷贝完成的图形，如图6-53（b）所示。

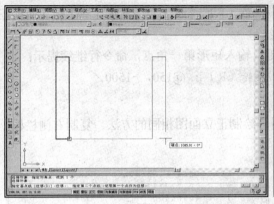
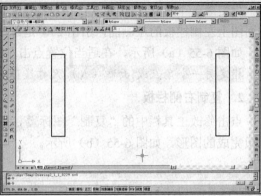

（a）　　　　　　　　　　　　　　　（b）

图 6-53　绘制正立面图（一）

### 3. 绘制台阶底面

用"直线"命令，绘制台阶底面，如图6-54（a）所示。

### 4. 绘制台阶各踏面的积聚性投影

点击修改工具栏中的"偏移"图标，命令行提示：

指定偏移距离或[通过（T）/删除（E）/图层（L）]<0.00>: 150↙

选择要偏移的对象，或[退出（E）/放弃（U）]<退出>: （拾取台阶底面为偏移对象）

指定要偏移的那一侧上的点，或[退出（E）/多个（M）/放弃（U）]<退出>: （在拾取对象上方任意位置单击左键，绘制出第1级踏面的积聚性投影）

选择要偏移的对象，或[退出（E）/放弃（U）]<退出>: （拾取第1级踏面为偏移对象）

指定要偏移的那一侧上的点，或[退出（E）/多个（M）/放弃（U）]<退出>: （在拾取对象上方任意位置单击左键，绘制出第2级踏面的积聚性投影）

重复上述操作，完成立面图，如图6-54（b）所示。

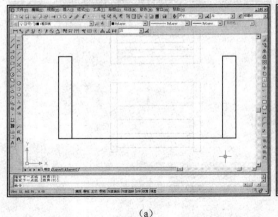
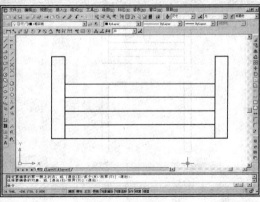

（a）　　　　　　　　　　　　　　　（b）

图 6-54　绘制正立面图（二）

### 三、绘制平面图

#### 1. 绘制左侧栏板

点击绘图工具栏中的"矩形"图标🞏，命令行提示：

指定第一个角点或[倒角（C）/标高（E）/圆角（F）/厚度（T）/宽度（W）]：（捕捉正立面图上左侧栏板的左侧面，引出 270° 追踪线）

如图 6-55（a）所示，在适当位置点击左键，输入矩形第一角点，命令行继续提示：

指定另一个角点或[面积（A）/尺寸（D）/旋转（R）]：@150，-1500↙

#### 2. 复制右侧栏板

点击修改工具栏中的"复制"图标🞅，用与绘制正立面图相同的方法，复制右侧栏板，拷贝完成的图形，如图 6-55（b）所示。

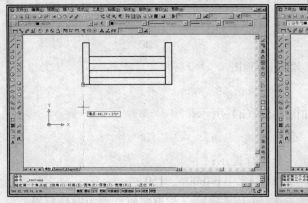 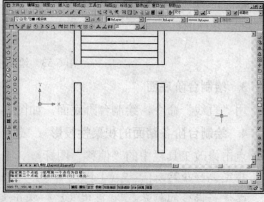

（a） （b）

图 6-55 绘制平面图（一）

#### 3. 绘制台阶后表面

用"直线"命令，绘制台阶后表面，如图 6-56（a）所示。

#### 4. 绘制台阶各踢面的积聚性投影

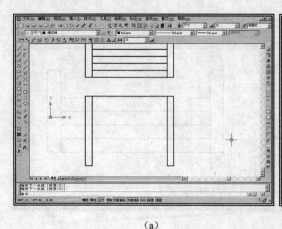 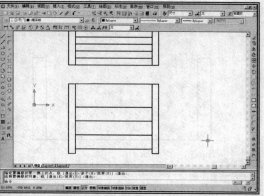

（a） （b）

图 6-56 绘制平面图（二）

点击修改工具栏中的"偏移"图标，命令行提示：

指定偏移距离或[通过（T）/删除（E）/图层（L）]<150.00>: 500✓

选择要偏移的对象，或[退出（E）/放弃（U）]<退出>:（拾取台阶后表面为偏移对象）

指定要偏移的那一侧上的点，或[退出（E）/多个（M）/放弃（U）]<退出>:（在拾取对象下方任意位置单击左键，绘制出第4级台阶踢面的积聚性投影）

选择要偏移的对象，或[退出（E）/放弃（U）]<退出>: ✓

重复"偏移"命令，指定偏移距离为300，绘制出其余踢面的积聚性投影。

绘制完成的平面图，如图6-56（b）所示。

## 四、绘制1-1剖面图

### 1. 绘制栏板

用"矩形"命令，利用系统的捕捉与追踪功能，绘制出右侧栏板的轮廓，如图6-57（a）所示。

### 2. 绘制台阶的投影

用"直线"命令，利用系统的捕捉与追踪功能，绘制出台阶的投影，如图6-57（b）所示。

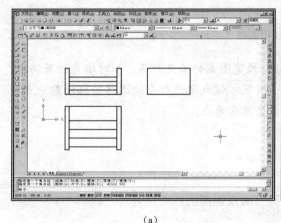

(a)

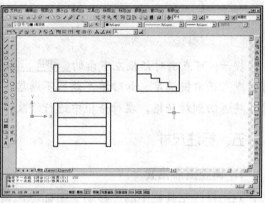

(b)

图6-57　绘制1-1剖面图（一）

### 3. 绘制剖面线

选择"7剖面线"层为当前层。

点击绘图工具栏中的"图案填充"图标，弹出"图案填充和渐变色"对话框。

（1）选择剖面图案　在"类型和图案"选择框中，点击"图案"选项右边的按钮，弹出"填充图案选项板"对话框，如图6-58（a）所示。从对话框中选取"AR-B816C"图案后，点击 确定 按钮。

（2）选择角度和比例　在"角度和比例"选择框中，选择角度为"0"，比例为"0.5"。

（3）选择填充边界　在"边界"选择框中，点击"拾取点"按钮，对话框暂时消失，系统返回到绘图状态，命令行提示：

拾取内部点或 [选择对象（S）/删除边界（B）]:（用光标在1-1剖面图的台阶轮廓内拾取一点，其边界以虚线显示）命令行继续提示：

**181**

拾取内部点或[选择对象（S）/删除边界（B）]: ✓

系统返回到"图案填充和渐变色"对话框，点击 确定 按钮，完成剖面线的绘制，如图 6-58（b）所示。

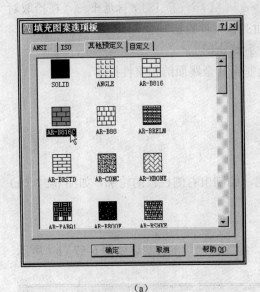

（a）

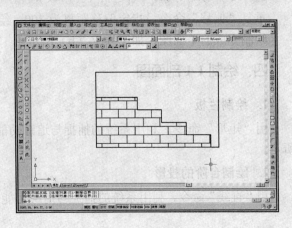

（b）

图 6-58　绘制 1-1 剖面图（二）。

提示：可点击对话框左下角的 预览 按钮，预览图案的填充效果。如对填充效果满意，可✓或点击右键确定。如对填充效果不满意，可按 Esc 键或用光标在绘图区拾取任意一点，系统将返回到对话框，在对话框中进行修改，直至满意为止。

## 五、标注尺寸

### 1. 调整图形位置

点击修改工具栏中的"移动"图标✛，调整三面投影图的相对位置。

### 2. 按比例缩小图形

点击修改工具栏中的"比例"图标▫，命令行提示：

选择对象:（拾取全部图形后点击右键，结束拾取）

指定基点: 0，0✓（指定坐标原点为基点）

指定比例因子或[复制（C）/参照（R）]<1.00>: r✓（用参照方式缩小图形）

指定参照长度<1.00>: 50✓

指定新的长度或[点（P）]<1.00>: 1✓

执行上述操作后，图形变的很小。键入命令：z✓，再键入命令：e✓，使所绘图形充满屏幕。

### 3. 标注尺寸

选择当前层为"5 尺寸"层。

点击标注工具栏中的"线性"图标⊟，标注线性尺寸 150，如图 6-59（a）所示。

点击标注工具栏中的"继续"图标⊞，标注线性尺寸 1700、150，如图 6-59（b）所示。

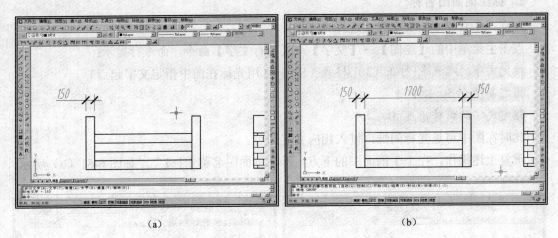

(a)  (b)

图 6-59 标注尺寸（一）

用"线性"标注和"继续"标注命令，注出其他尺寸，如图 6-60（a）所示。

### 4. 编辑尺寸

拾取 1-1 剖面图中的水平尺寸 900，点击右键弹出快捷菜单，从中选择"特性"命令，弹出特性窗口。

在窗口中的文字替代文本框中输入"300×3"后↙，按 Esc 键，完成对该尺寸的编辑。如图 6-60（b）所示。

继续拾取竖直尺寸 600，将其文字替代为"150×4"↙，关闭特性窗口。

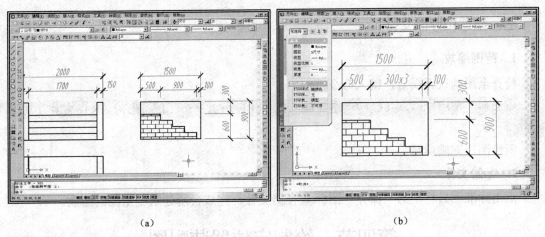

(a)  (b)

图 6-60 标注尺寸（二）

## 六、标注剖切位置及剖面图名称

### 1. 标注剖切位置

点击绘图工具栏中的"多段线"图标，绘制线宽为"1"的剖切符号，如图 6-61（a）所示。

**2. 标注剖面图名称**

在样式工具栏中将文字样式选择为"尺寸"。

点击主菜单中的【绘图】→【文字】→【单行文字】命令，命令行提示：

指定文字的起点或[对正（J）/样式（S）]：（用光标在图中指定文字起点）

指定高度<3.50>：↙

指定文字的旋转角度<0>：↙

此时在图中可见光标闪烁，键入相应文字即可。

重复上述操作，在 1-1 剖面图的下方，标注剖面图名称"1-1"，如图 6-61（b）所示。

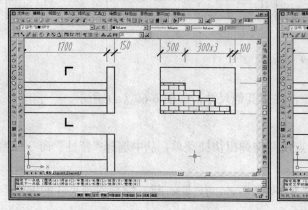
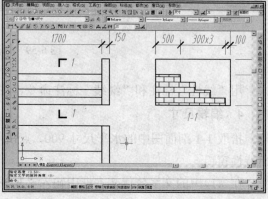

（a）                                                        （b）

图 6-61　标注剖切位置及剖面图名称

## 七、整理和存储文件

**1. 范围缩放**

检查全图确认无误后，键入命令：z↙

[全部（A）/中心点（C）/动态（D）/范围（E）/上一个（P）/比例（S）/窗口（W）]

<实时>：e↙

所绘图形充满屏幕。

**2. 存储文件**

点击标准工具栏中的"保存"图标 ▣ 存储文件，完成台阶建筑施工图的绘制。

# 第四节　绘制定位器装配图

◆ **题目**

根据图 6-62、图 6-63、图 6-64、图 6-65 所示定位器的各零件图，按 2∶1 的比例，绘制出图 6-66 所示定位器装配图，并标注尺寸及零件序号。

◆ **本题知识点**

装配图上配合尺寸的标注方法，零件序号的标注方法。

### ◆ 绘图前的准备

① 设置绘图单位：mm。

② 设置单位精度：0.00。

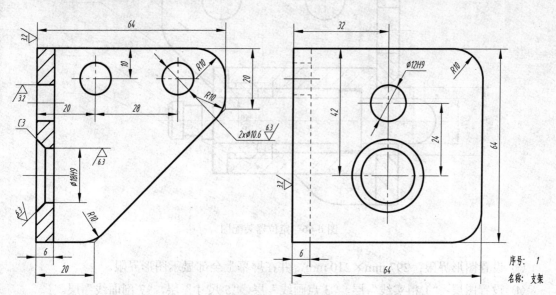

图 6-62　支架零件图

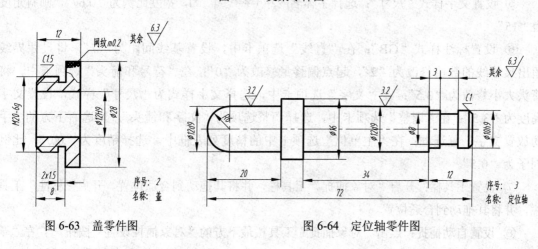

图 6-63　盖零件图

图 6-64　定位轴零件图

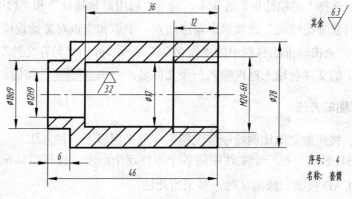

图 6-65　套筒零件图

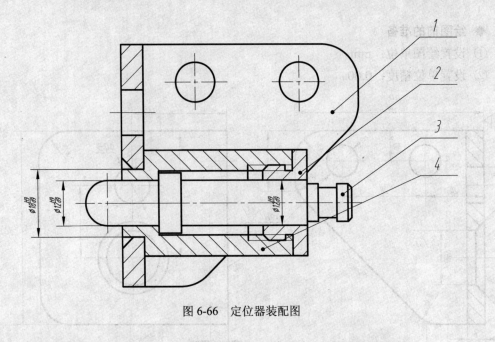

图 6-66　定位器装配图

③ 设置图形界限：297 mm×210 mm，并在屏幕上全部显示图形界限。

④ 设置图层："1 粗实线"层，"3 点画线"层，"5 尺寸"层，"7 剖面线"层。

⑤ 设置文字样式"尺寸"：选择字体名 isocp.shx ，宽度比例为"0.67"，倾斜角度为"15"。

⑥ 设置标注样式"GB"：在"直线"选项卡中，设置基线间距为"7"，将尺寸界线超出尺寸线的数值修改为"2"，起点偏移量修改为"0"；在"符号和箭头"选项卡中，将箭头大小修改为"3.5"；在"文字"选项卡中，选择文字样式为"尺寸"样式，设置文字高度为"3.5"；在"调整"选项卡中，选择调整选项为"文字和箭头"，勾选右下方的"手动放置文字"复选框；在"主单位"选项卡中的精度列表框中，选择精度为"0.0"，比例因子为"0.5"。

⑦ 设置工具栏：开启"对象捕捉"工具栏，并将其拖动到合适位置。开启"标注"工具栏，并将其拖动到合适位置。

⑧ 设置自动捕捉：点击"对象捕捉"工具栏最下方的"对象捕捉设置"按钮 ，在"草图设置"对话框中选择"对象捕捉"选项卡，勾选"启用对象捕捉"和"启用对象捕捉追踪"复选框，并在"对象捕捉模式"选项组中勾选端点、中点和交点对象捕捉模式。

⑨ 保存文件：点击标准工具栏中的"保存"图标 ，弹出"另存文件"对话框。在"另存文件"对话框中的文件名输入框内输入一个文件名，点击 保存(S) 按钮。

◆ **绘制装配图的方法**

根据零件图，按照给定的比例绘制装配图，一般采用以下三种方法。

• **直接绘制拼装法**　在一个文件中将各个零件逐个画出，再根据装配关系拼装成装配图。工业产品类 CAD 技能一级测试时，多采用此法。

• **复制、粘贴、拼装法**　利用 AutoCAD 的"复制"命令，将绘制装配图所需图形，复制到剪贴板上，然后使用"粘贴"命令，将剪贴板上的图形粘贴到装配图上，再根据装配关系拼装成装配图。适用于已预先绘制出零件图的情况。

● 图形文件插入法　将零件图用【插入】→【块】命令插入，根据装配关系，直接将零件图插入到装配图所需的位置，适用于用基点命令设置了插入点的零件图。

本例介绍第一种方法——直接绘制拼装法。

提示：根据零件图，按照给定的比例绘制装配图时，应注意如下几个问题。

① 定位问题。在拼画装配图时经常出现定位不准的问题，如两零件相邻表面没接触或两零件图形重叠等。要使零件图在装配图中准确定位，必须充分利用"视图缩放"命令将图形放大，利用"对象捕捉"与"对象追踪"功能进行准确定位。

② 可见性问题。要注意随时删除被遮挡的图线，以免使图线重叠，给继续绘图增添麻烦。

③ 编辑、检查问题。将某零件图形拼装到装配图中以后，不一定完全符合装配图要求，很多情况下要进行编辑修改。因此，拼图后必须认真检查。

## 一、绘制定位器各零件图形

因装配图上只需要各零件的部分图形，故不可盲目照抄已给出的零件图，更不需要标注零件图上的尺寸。应参照装配图，用 $1:1$ 的比例，有选择的绘制拼画装配图所需的各零件图形。图 6-67 为拼画装配图所需的各零件图，绘图比例均为 $1:1$。

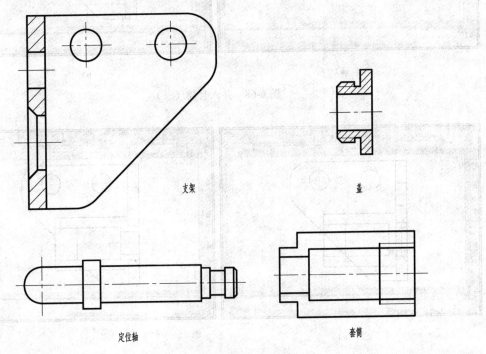

支架　　盖

定位轴　　套筒

图 6-67　拼画装配图时所需的零件图

由于绘制零件图形的方法在前面几章已详细介绍，这里不再赘述。

提示：因套筒螺纹部分的剖面线区域，在装配图上发生变化，故该零件未画剖面线。

## 二、组合装配零件

### 1. 将套筒并入到支架

点击修改工具栏中的"移动"图标 ✛，命令行提示：

拾取添加：（拾取套筒图形，点击右键确认）

指定基点或［位移（D）］<位移>：［利用"对象捕捉"与"对象追踪"功能，拾取图 6-68（a）所示交点］

指定第二个点或<使用第一个点作为位移>：［拾取图 6-68（b）所示支架上的交点，完成套筒的并入］

将套筒并入到支架后的图形，如图 6-69（a）所示。

用"修剪"和"删除"命令，去除支架上被套筒遮挡的轮廓，如图 6-69（b）所示。

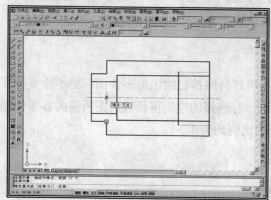

（a）

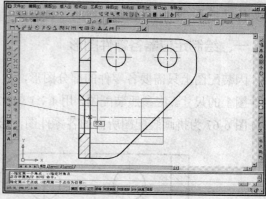

（b）

图 6-68　并入套筒（一）

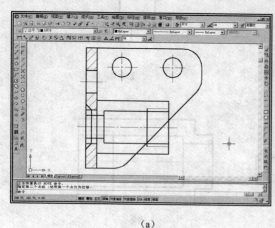

（a）

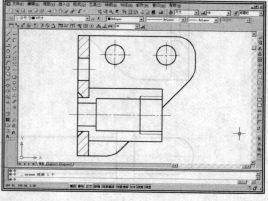

（b）

图 6-69　并入套筒（二）

### 2. 将盖并入到套筒

点击修改工具栏中的"移动"图标 ✛，命令行提示：

拾取添加：（拾取盖图形，点击右键确认）

指定基点或 [位移（D）] <位移>：[拾取图 6-70（a）所示交点]

指定第二个点或<使用第一个点作为位移>：[拾取图 6-70（b）所示套筒上的交点，完成盖的并入]

将盖并入到套筒后的图形，如图 6-71（a）所示。

编辑修改，去除支架及套筒上被盖遮挡的轮廓，如图 6-71（b）所示。

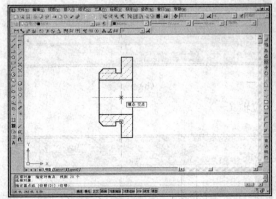
（a）

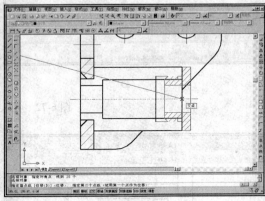
（b）

图 6-70　并入盖（一）

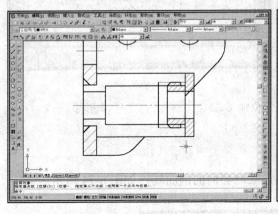
（a）

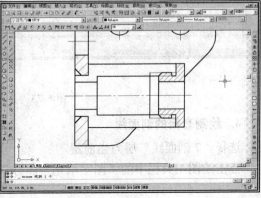
（b）

图 6-71　并入盖（二）

### 3. 并入定位轴

点击修改工具栏中的"移动"图标✣，命令行提示：

拾取添加：（拾取定位轴图形，点击右键确认）

指定基点或 [位移（D）] <位移>：[拾取图 6-72（a）所示交点]

指定第二个点或<使用第一个点作为位移>：[拾取图 6-72（b）所示套筒上的交点，完成定位轴的并入]

将定位轴并入到装配图后的图形，如图 6-73（a）所示。

编辑修改，去除被定位轴遮挡的多余线条，如图 6-73（b）所示。

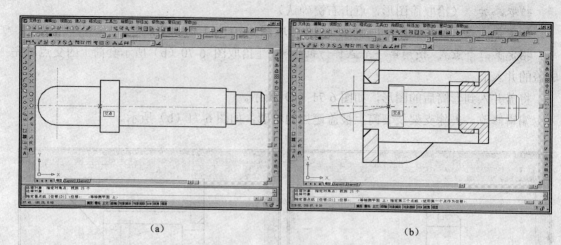

（a）　　　　　　　　　　　　（b）

图 6-72　并入定位轴（一）

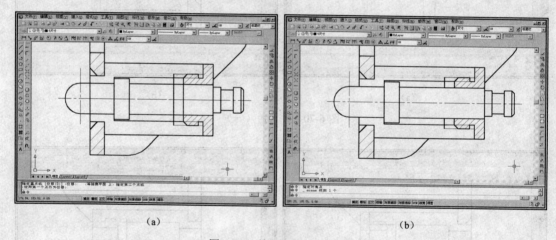

（a）　　　　　　　　　　　　（b）

图 6-73　并入定位轴（二）

### 4. 绘制套筒的剖面线

选择"7 剖面线"层为当前层。

点击绘图工具栏中的"图案填充"图标 ，绘制套筒的剖面线，如图 6-74 所示。

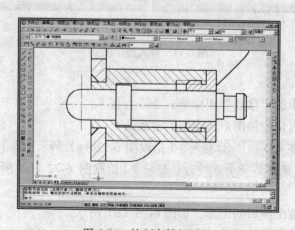

图 6-74　绘制套筒剖面线

提示：① 套筒的剖面线方向要与相邻件有区别。
② 螺纹部分的剖面线要画到粗实线上。

## 三、标注

### 1. 按比例放大图形

点击编辑工具栏中的"比例"图标□，命令行提示：

选择对象:（拾取全部图形后点击右键，结束拾取）

指定基点:（指定装配图上某点为基点）

指定比例因子或[复制（C）/参照（R）]<1.00>: 2↙

所选图形按比例被放大。

### 2. 标注配合尺寸

选择当前层为"5尺寸"层。

点击标注工具栏中的"线性"图标□，拾取相应的尺寸界线，命令行提示：

指定尺寸线位置或

[多行文字（M）/文字（T）/角度（A）/水平（H）/垂直（V）/旋转（R）]: m↙

弹出"文字格式"编辑框，并显示尺寸测量值"12"，如图 6-75（a）所示。

在尺寸测量值前键入"%%c"，在尺寸测量值后键入"H9/d9"，用光标选中 H9/d9 后，点击"文字格式"编辑框中的图标 $\frac{a}{b}$，被选中内容变为"$\frac{H9}{d9}$"，点击确定按钮，命令行提示：

指定尺寸线位置或

[多行文字（M）/文字（T）/角度（A）/水平（H）/垂直（V）/旋转（R）]:（移动光标，将尺寸放置在合适位置）

标注出的配合尺寸，如图 6-75（b）所示。

采用相同方法，注出其他配合尺寸。

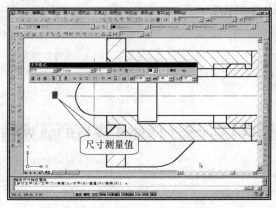

(a)

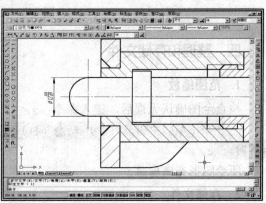

(b)

图 6-75　标注配合尺寸

### 3. 标注零件序号

点击标注工具栏中的"快速引线"图标 ⌐，命令行提示：

指定第一个引线点或[设置（S）]<设置>：↙

弹出"引线设置"对话框。在"引线和箭头"选项卡中，选择箭头为"小点"，角度约束的第一段为"任意角度"，角度约束的第二段为"水平"；在"附着"选项卡中，勾选"最后一行加下划线"，其余选项为缺省设置，点击 确定 按钮，返回到绘图界面。

指定第一个引线点或[设置（S）]<设置>：（在支架的可见轮廓线内指定引线第一点）

指定下一点：（指定引线末端点）

指定下一点：（光标右移）3↙

指定文字宽度<0>：↙

输入注释文字的第一行<多行文字（M）>：1↙

输入注释文字的下一行：↙

标注出支架的序号，如图6-76（a）所示。

重复上述操作，利用对象捕捉与追踪功能，使注出的各零件序号对齐，如图6-76（b）所示。

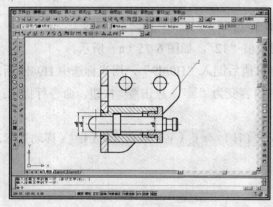
（a）

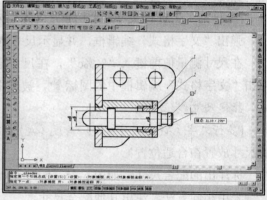
（b）

图6-76　标注零件序号

## 四、整理和存储文件

### 1. 范围缩放

检查全图确认无误后，键入命令：z↙

[全部（A）/中心点（C）/动态（D）/范围（E）/上一个（P）/比例（S）/窗口（W）]<实时>：e↙

所绘图形充满屏幕。

### 2. 存储文件

点击标准工具栏中的"保存"图标 存储文件，完成定位器装配图的绘制。

# 练习题（六）

① 按1:1比例绘制题图6-1所示踏脚座零件图，并标注尺寸。

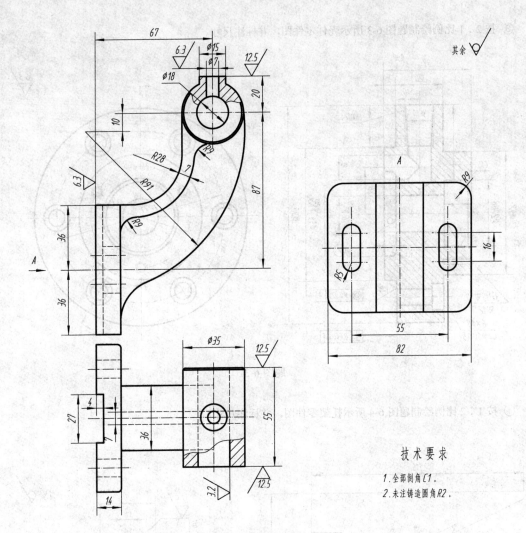

其余 ∀

技术要求

1.全部倒角 C1.

2.未注铸造圆角 R2.

题图 6-1

② 按 1:1 比例绘制题图 6-2 所示拨叉零件图，并标注尺寸。

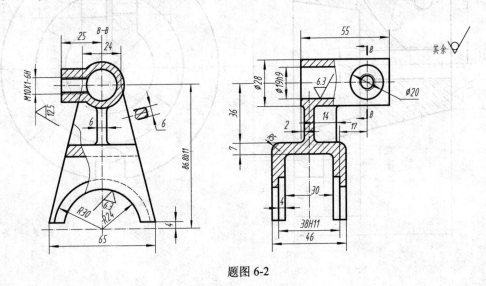

题图 6-2

③ 按2∶1比例绘制题图6-3所示壳体零件图，并标注尺寸。

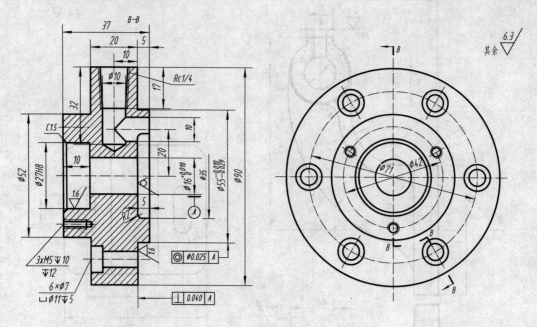

题图 6-3

④ 按1∶2比例绘制题图6-4所示托架零件图，并标注尺寸。

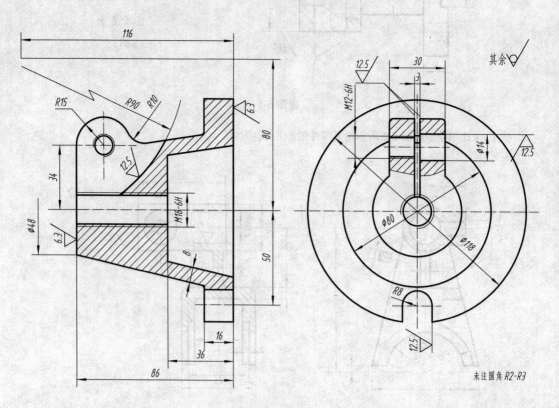

题图 6-4

⑤ 按1：1比例绘制题图6-5所示端盖零件图，并标注尺寸。

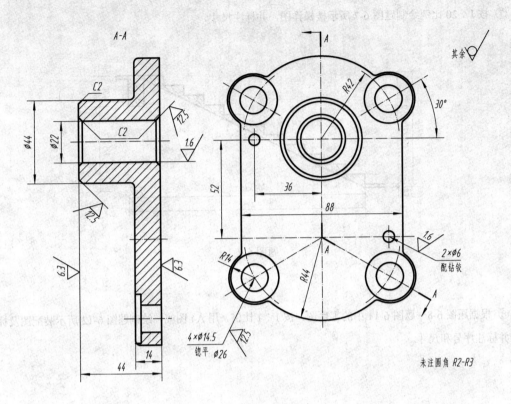

题图6-5

⑥ 按1：50比例绘制题图6-6所示楼梯间底层平面图，并标注尺寸。

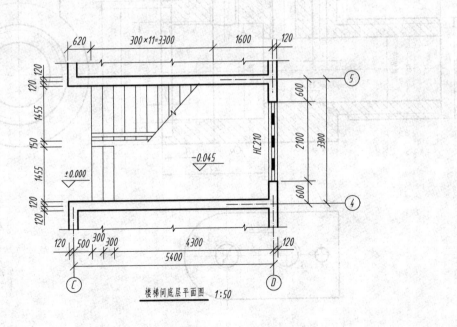

楼梯间底层平面图  1:50

题图6-6

⑦ 按 1∶20 比例绘制题图 6-7 所示楼梯详图，并标注尺寸。

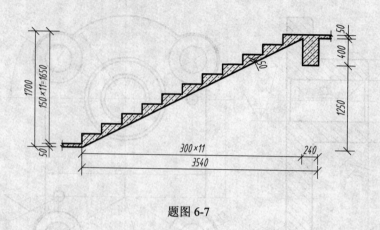

题图 6-7

⑧ 根据题图 6-8～题图 6-11 中的零件图，按 1∶1 比例，用 A4 图幅，绘制题图 6-12 所示装配图及标题栏，并标注序号和尺寸。

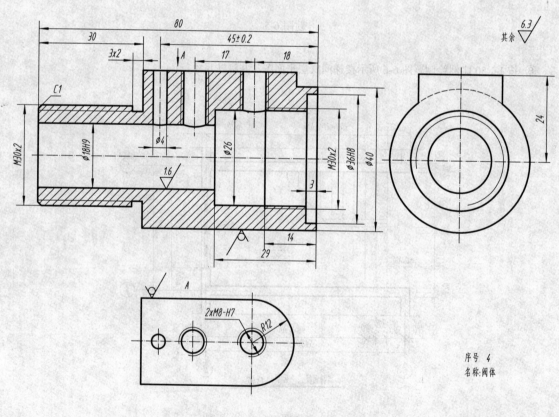

题图 6-8

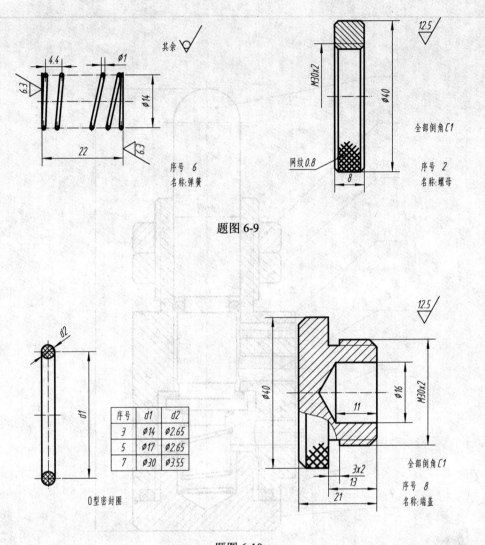

其余 ▽

序号 6
名称:弹簧

网纹0.8

全部倒角C1

序号 2
名称:螺母

题图 6-9

O型密封圈

| 序号 | d1 | d2 |
|------|------|--------|
| 3 | Ø14 | Ø2.65 |
| 5 | Ø17 | Ø2.65 |
| 7 | Ø30 | Ø3.55 |

全部倒角C1

3x2

序号 8
名称:端盖

题图 6-10

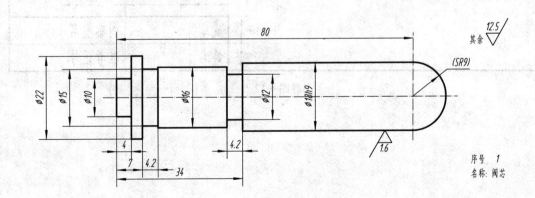

80

其余 ▽

(SR9)

序号 1
名称: 阀芯

题图 6-11

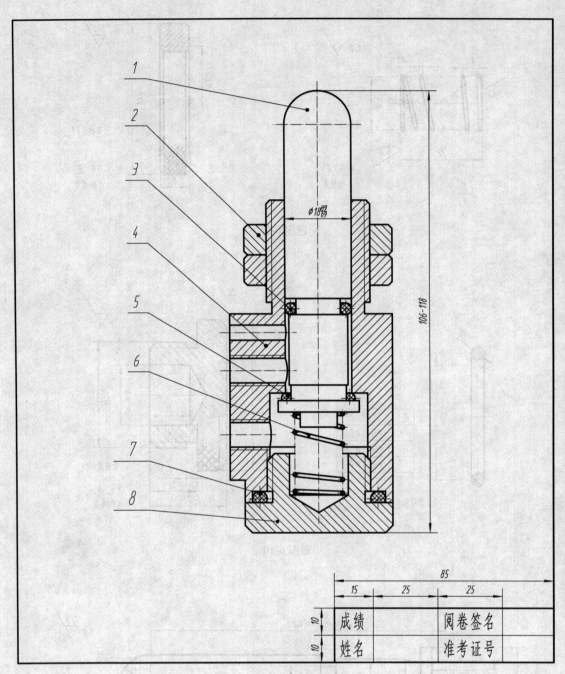

题图 6-12

| 成绩 | | 阅卷签名 | |
|---|---|---|---|
| 姓名 | | 准考证号 | |

198

# 附　　录

## CAD 技能一级（计算机绘图师）—工业产品类
## 模 拟 试 卷

1. 考试要求（10 分）

（1）设置 A3 图幅，用粗实线画出边框（400 mm×277 mm），按尺寸在右下角绘制标题栏，在对应框内填写姓名和考号，字高 5 mm。

（2）尺寸标注按图中格式。尺寸参数：字高为 2.5 mm，箭头长度为 3 mm，尺寸界线延伸长度为 2 mm，其余参数使用系统缺省配置。

（3）分层绘图。图层、颜色、线型要求如下：

| 层名 | 颜色 | 线型 | 线宽 | 用途 |
|------|------|------|------|------|
| 0 | 黑/白 | 实线 | 0.5 | 粗实线 |
| 1 | 红 | 实线 | 0.25 | 细实线 |
| 2 | 洋红 | 虚线 | 0.25 | 虚线 |
| 3 | 蓝 | 点画线 | 0.25 | 中心线 |
| 4 | 蓝 | 实线 | 0.25 | 尺寸标注 |
| 5 | 蓝 | 实线 | 0.25 | 文字 |
| 6 | 绿 | 双点画线 | 0.25 | 双点画线 |

其余参数使用系统缺省配置。另外需要建立的图层，考生自行设置。

（4）将所有图形储存在一个文件中，均匀布置在边框线内。存盘前使图框充满屏幕，文件名采用准考证号码。

2. 按标注尺寸 1∶1 抄画主、俯视图，补画左视图（不标注尺寸）。（30 分）

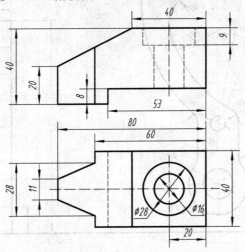

3.按标注尺寸1：2抄画零件图，并标全尺寸、技术要求和粗糙度。（40分）

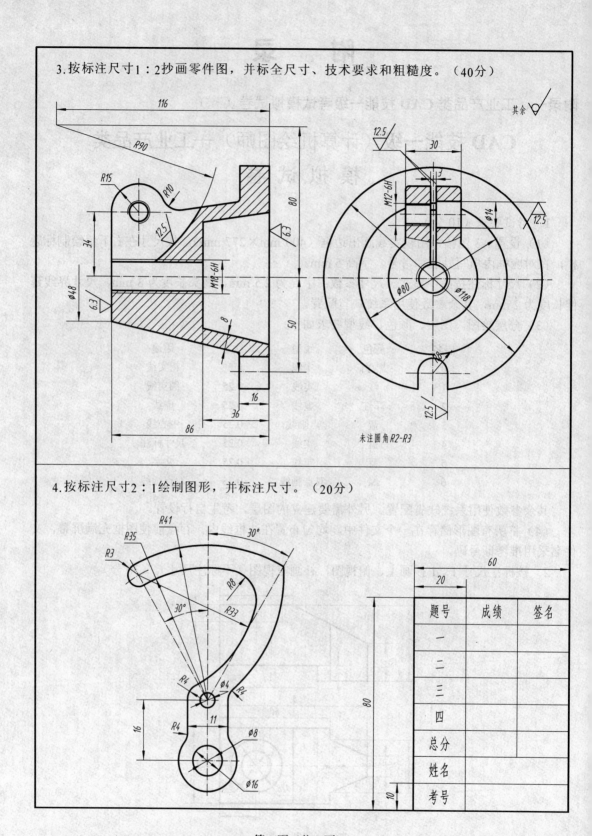

未注圆角 R2-R3

4.按标注尺寸2：1绘制图形，并标注尺寸。（20分）

| 题号 | 成绩 | 签名 |
|------|------|------|
| 一 | | |
| 二 | | |
| 三 | | |
| 四 | | |
| 总分 | | |
| 姓名 | | |
| 考号 | | |

# CAD 技能一级（计算机绘图师）—工业产品类
## 模 拟 试 卷

1. 考试要求（10 分）

（1）设置 A3 图幅，用粗实线画出边框（400 mm×277 mm），按尺寸在右下角绘制标题栏，在对应框内填写姓名和准考证号，字高 5 mm。

（2）尺寸标注按图中格式。尺寸参数：字高为 2.5 mm，箭头长度为 3 mm，尺寸界线延伸长度为 2 mm，其余参数使用系统缺省配置。

（3）分层绘图。图层、颜色、线型要求如下：

| 层名 | 颜色 | 线型 | 线宽 | 用途 |
|---|---|---|---|---|
| 0 | 黑/白 | 实线 | 0.5 | 粗实线 |
| 1 | 红 | 实线 | 0.25 | 细实线 |
| 2 | 洋红 | 虚线 | 0.25 | 细虚线 |
| 3 | 紫 | 点画线 | 0.25 | 中心线 |
| 4 | 蓝 | 实线 | 0.25 | 尺寸标注 |
| 5 | 蓝 | 实线 | 0.25 | 文字 |
| 6 | 绿 | 双点画线 | 0.25 | 双点画线 |

其余参数使用系统缺省配置。另外需要建立的图层，考生自行设置。

（4）将所有图形储存在一个文件中，均匀布置在边框线内。存盘前使图框充满屏幕，文件名采用准考证号码。

2. 按标注尺寸 1：1 抄画主、俯视图，补画左视图，不标尺寸。（30 分）

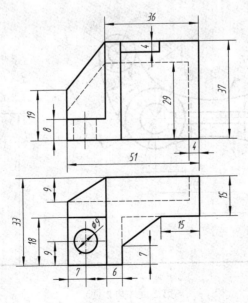

3．按标注尺寸1：2抄画零件图，并标全尺寸、技术要求和粗糙度。（40分）

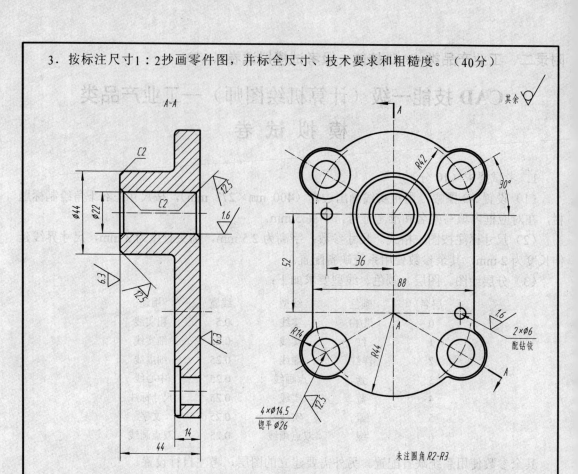

未注圆角 R2-R3

4．按标注尺寸2：1绘制图形，并标注尺寸。（20分）

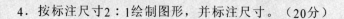

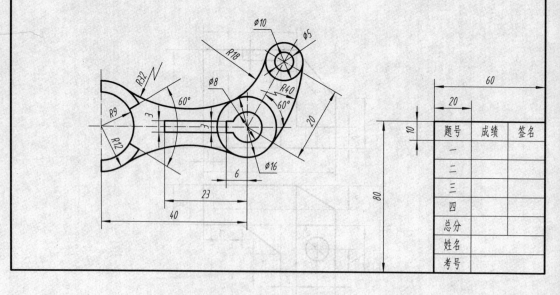

| | 60 | | |
|---|---|---|---|
| 题号 | 成绩 | 签名 | |
| 一 | | | |
| 二 | | | |
| 三 | | | |
| 四 | | | |
| 总分 | | | |
| 姓名 | | | |
| 考号 | | | |

第2页（共2页）

202

# CAD 技能一级（计算机绘图师）—工业产品类
## 模 拟 试 卷

1．考试要求（10 分）

（1）设置 A3 图幅，用粗实线画出边框（400×277），按尺寸在右下角绘制标题栏，在对应框内填写姓名和准考证号，字高 5 mm。

（2）尺寸标注按图中格式。尺寸参数：字高为 2.5 mm，箭头长度为 3 mm，尺寸界线延伸长度为 2 mm，其余参数使用系统缺省配置。

（3）分层绘图。图层、颜色、线型要求如下：

| 层名 | 颜色 | 线型 | 线宽 | 用途 |
| --- | --- | --- | --- | --- |
| 0 | 黑/白 | 实线 | 0.5 | 粗实线 |
| 1 | 红 | 实线 | 0.25 | 细实线 |
| 2 | 洋红 | 虚线 | 0.25 | 虚线 |
| 3 | 紫 | 点画线 | 0.25 | 中心线 |
| 4 | 蓝 | 实线 | 0.25 | 尺寸标注 |
| 5 | 蓝 | 实线 | 0.25 | 文字 |
| 6 | 绿 | 双点画线 | 0.25 | 双点画线 |

其余参数使用系统缺省配置。另外需要建立的图层，考生自行设置。

（4）将所有图形储存在一个文件中，均匀布置在边框线内。存盘前使图框充满屏幕，文件名采用准考证号码。

2．按标注尺寸 1：2 绘制图形，并标注尺寸。（25 分）

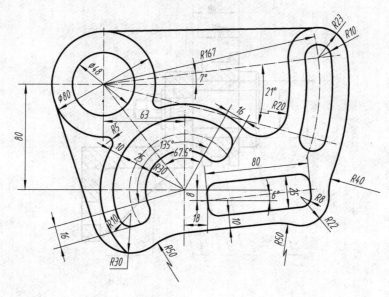

**3.** 按标注尺寸 1：1 抄画 4 号件托架的零件图，并标全尺寸和粗糙度。（35 分）

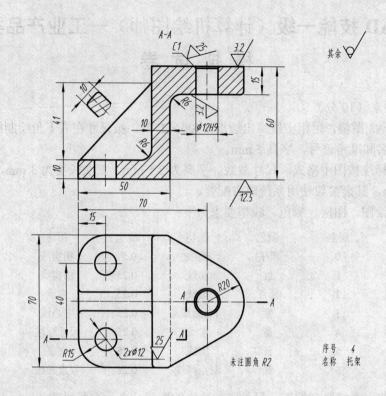

**4.** 根据零件图（上图及下页）按 1：1 绘制钳座装配图，并标注序号和尺寸。（30 分）

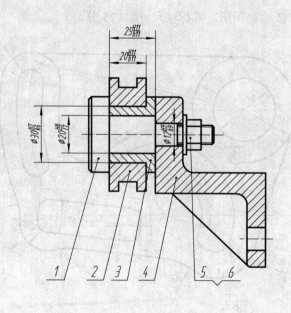

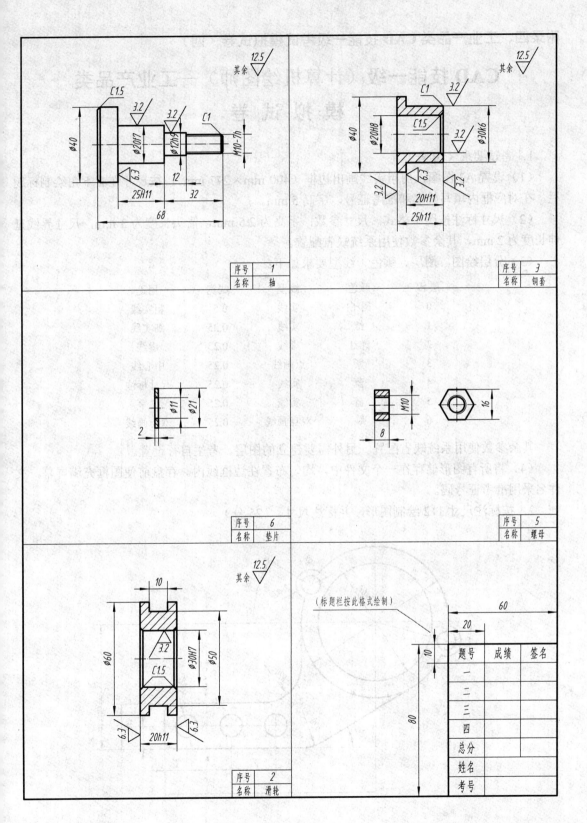

其余 $\sqrt{12.5}$

C1.5
3.2
3.2
C1
$\phi 40$
$\phi 20f7$
$\phi 12h9$
M10-7h
6.3
25H11
12
32
68

| 序号 | 1 |
|---|---|
| 名称 | 轴 |

其余 $\sqrt{12.5}$

C1
3.2
$\phi 40$
$\phi 20H8$
C1.5
$\phi 30k6$
3.2
3.2
6.3
20H11
25h11

| 序号 | 3 |
|---|---|
| 名称 | 铜套 |

$\phi 11$
$\phi 21$
2

| 序号 | 6 |
|---|---|
| 名称 | 垫片 |

M10
16
8

| 序号 | 5 |
|---|---|
| 名称 | 螺母 |

其余 $\sqrt{12.5}$

10
$\phi 60$
3.2
$\phi 30H7$
$\phi 50$
C1.5
6.3
6.3
20h11

| 序号 | 2 |
|---|---|
| 名称 | 滑轮 |

（标题栏按此格式绘制）

60
20
10

| 题号 | 成绩 | 签名 |
|---|---|---|
| 一 | | |
| 二 | | |
| 三 | | |
| 四 | | |
| 总分 | | |
| 姓名 | | |
| 考号 | | |

80

第3页（共3页）

# CAD 技能一级（计算机绘图师）—工业产品类
# 模 拟 试 卷

## 1. 考试要求（10 分）

（1）设置 A3 图幅，用粗实线画出边框（400 mm×277 mm），按尺寸在右下角绘制标题栏，在对应框内填写姓名和准考证号，字高 5 mm。

（2）尺寸标注按图中格式。尺寸参数：字高为 2.5 mm，箭头长度为 3 mm，尺寸界线延伸长度为 2 mm，其余参数使用系统缺省配置。

（3）分层绘图。图层、颜色、线型要求如下：

| 层名 | 颜色 | 线型 | 线宽 | 用途 |
|------|------|------|------|------|
| 0 | 黑/白 | 实线 | 0.5 | 粗实线 |
| 1 | 红 | 实线 | 0.25 | 细实线 |
| 2 | 洋红 | 虚线 | 0.25 | 虚线 |
| 3 | 紫 | 点画线 | 0.25 | 中心线 |
| 4 | 蓝 | 实线 | 0.25 | 尺寸标注 |
| 5 | 蓝 | 实线 | 0.25 | 文字 |
| 6 | 绿 | 双点画线 | 0.25 | 双点画线 |

其余参数使用系统缺省配置。另外需要建立的图层，考生自行设置。

（4）将所有图形储存在一个文件中，均匀布置在边框线内。存盘前使图框充满屏幕，文件名采用准考证号码。

## 2. 按标注尺寸 1:2 绘制图形，并标注尺寸。（25 分）

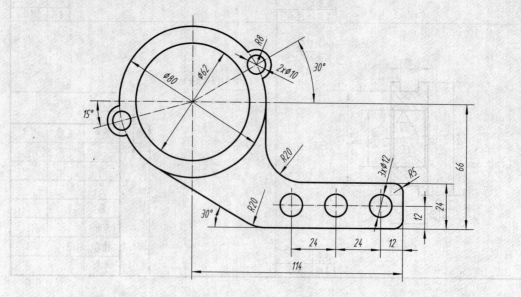

**3．按标注尺寸 1：1 抄画 3 号件底座的零件图，并标全尺寸和粗糙度。（30 分）**

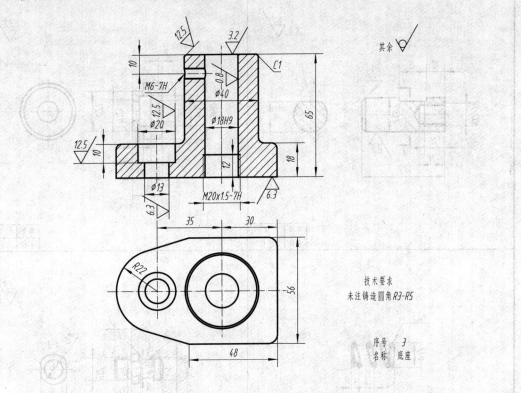

技术要求

未注铸造圆角 R3-R5

序号　3
名称　底座

**4．根据零件图（上图及下页）按 1：1 绘制行程座装配图，并标注序号和尺寸。（35 分）**

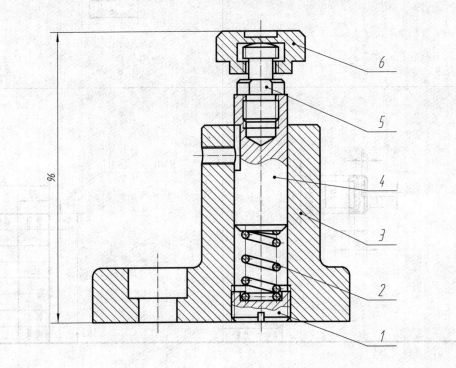

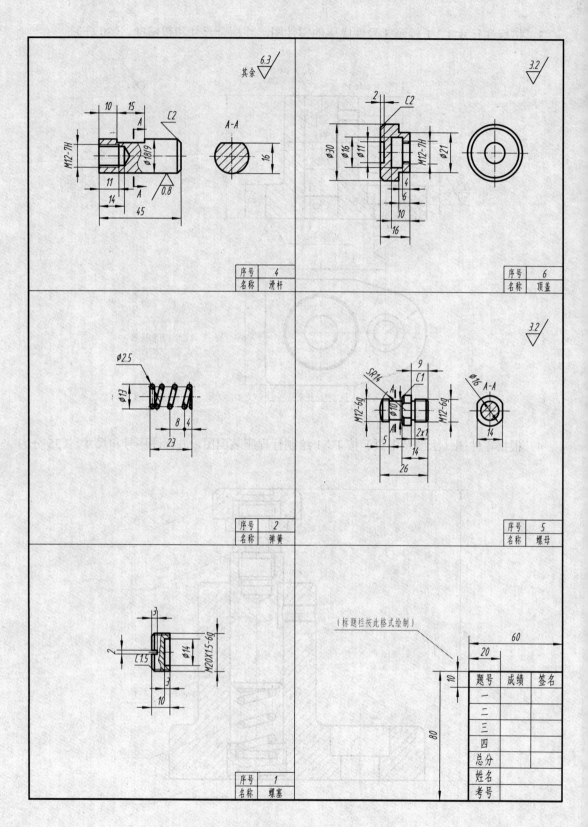

其余 6.3

A-A

序号 4
名称 滑杆

3.2

序号 6
名称 顶盖

3.2

序号 2
名称 弹簧

序号 5
名称 螺母

（标题栏按此格式绘制）

| 题号 | 成绩 | 签名 |
|---|---|---|
| 一 | | |
| 二 | | |
| 三 | | |
| 四 | | |
| 总分 | | |
| 姓名 | | |
| 考号 | | |

序号 1
名称 螺塞

# CAD 技能一级（计算机绘图师）—土木与建筑类
# 模 拟 试 卷

1. 考试要求（10 分）

（1）设置 A3 图幅，用粗实线画出边框（400 mm×277 mm），按尺寸在右下角绘制标题栏，在对应框内填写姓名和考号，字高 5 mm。

（2）尺寸标注按图中格式。尺寸参数：字高为 3.5 mm，箭头长度为 3 mm，尺寸界线延伸长度为 2 mm，其余参数使用系统缺省配置。

（3）分层绘图。图层、颜色、线型要求如下：

| 层名 | 颜色 | 线型 | 线宽 | 用途 |
|------|------|------|------|------|
| 0 | 黑/白 | 实线 | 0.5 | 粗实线 |
| 1 | 红 | 实线 | 0.25 | 细实线 |
| 2 | 洋红 | 虚线 | 0.25 | 细虚线 |
| 3 | 紫 | 点画线 | 0.25 | 中心线 |
| 4 | 蓝 | 实线 | 0.25 | 尺寸标注 |
| 5 | 蓝 | 实线 | 0.25 | 文字 |
| 6 | 绿 | 双点画线 | 0.25 | 双点画线 |

其余参数使用系统缺省配置。另外需要建立的图层，考生自行设置。

（4）将所有图形储存在一个文件中，均匀布置在边框线内。存盘前使图框充满屏幕，文件名采用准考证号码。

2. 按题给尺寸 1:1 抄画正立面图、平面图，补画左侧立面图，不标尺寸。（30 分）

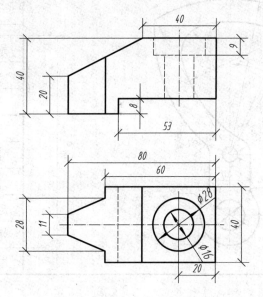

3．参考轴测图和给出的尺寸，用1：2的比例画出V、H、W三面投影图（仅按比例和尺寸画图、不注尺寸）。（20分）

4．抄画形体的断面图。（20分）

（1）抄画图形（比例1：20）；

（2）标注尺寸；

（3）标注标高；

（4）标注轴线编号。

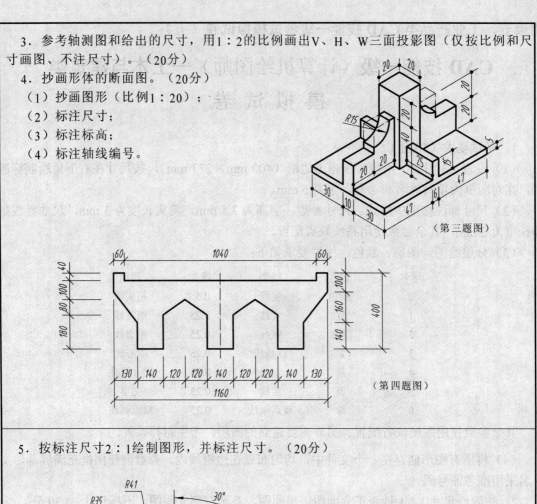

（第三题图）

（第四题图）

5．按标注尺寸2：1绘制图形，并标注尺寸。（20分）

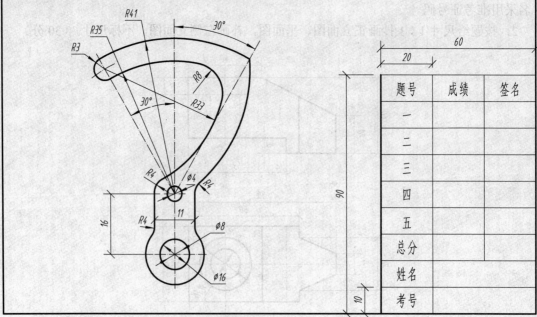

| 题号 | 成绩 | 签名 |
|---|---|---|
| 一 | | |
| 二 | | |
| 三 | | |
| 四 | | |
| 五 | | |
| 总分 | | |
| 姓名 | | |
| 考号 | | |

# 参 考 文 献

[1] 全国 CAD 技能等级培训工作指导委员会制定. CAD 技能等级考评大纲. 北京: 中国标准出版社, 2008.

[2] 胡建生主编. 工程制图. 第 3 版. 北京: 化学工业出版社, 2006.

[3] 胡建生编著. 计算机绘图（CAXA 电子图板 2005）. 北京: 化学工业出版社, 2005.

[4] 胡建生主编. 机械制图. 第 3 版. 北京: 机械工业出版社, 2006.

[5] 史彦敏等编著. 中、高级制图员技能测试·考试指导（CAXA 电子图板）. 北京: 化学工业出版社, 2007.